本书系中国社会科学院经济研究所
创新工程项目（编号：2022JJSB01）的阶段性成果

绿色发展理念下构建多元参与的环境治理体系

Building a Multi-Participation Environmental Governance
System under the Philosophy of Green Development

张彩云　著

中国社会科学出版社

图书在版编目（CIP）数据

绿色发展理念下构建多元参与的环境治理体系／张彩云著．—北京：中国
社会科学出版社，2023.6
ISBN 978 – 7 – 5227 – 1909 – 2

Ⅰ.①绿… Ⅱ.①张… Ⅲ.①环境综合整治—研究—中国 Ⅳ.①X322

中国国家版本馆 CIP 数据核字（2023）第 085447 号

出　版　人	赵剑英
责任编辑	党旺旺
责任校对	夏慧萍
责任印制	王　超

出　　　版	中国社会科学出版社
社　　　址	北京鼓楼西大街甲 158 号
邮　　　编	100720
网　　　址	http://www.csspw.cn
发　行　部	010 – 84083685
门　市　部	010 – 84029450
经　　　销	新华书店及其他书店

印　　　刷	北京明恒达印务有限公司
装　　　订	廊坊市广阳区广增装订厂
版　　　次	2023 年 6 月第 1 版
印　　　次	2023 年 6 月第 1 次印刷

开　　　本	710 × 1000　1/16
印　　　张	13
插　　　页	2
字　　　数	188 千字
定　　　价	69.00 元

凡购买中国社会科学出版社图书，如有质量问题请与本社营销中心联系调换
电话：010 – 84083683

目　　录

前　言 ……………………………………………………………（1）

第一章　绿色发展的现状及环境治理体系的特征 ………………（1）

　第一节　绿色发展的现状 ………………………………………（4）

　第二节　环境治理体系的特征 …………………………………（9）

第一篇　"块状治理"模式的影响

第二章　绿色发展的空间关联性 …………………………………（19）

　第一节　绿色发展的空间关联性测度 …………………………（20）

　第二节　绿色发展的空间关联性分析 …………………………（22）

第三章　环境政策的跨区域影响 …………………………………（29）

　第一节　从企业决策到生产要素配置 …………………………（30）

　第二节　自然实验法与双重差分法 ……………………………（32）

　第三节　环境政策对生产要素配置的影响 ……………………（37）

第四章　环境治理的跨区域影响 …………………………………（49）

　第一节　"污染避难所效应"和"要素禀赋假说" ……………（50）

　第二节　环境治理对企业选址的影响验证 ……………………（54）

　第三节　环境治理、要素禀赋与资源配置 ……………………（59）

第二篇　多元参与的突破点

第五章　治理责任分配、考核评价指标与环境治理……………（71）

　第一节　治理责任分配、考核评价指标与地方政府竞争　（72）

　第二节　地方政府竞争对环境治理影响的阶段特征………（74）

　第三节　地方政府竞争与环境治理效果………………………（78）

第六章　治理责任分配、考核评价指标与地方政府间环境治理的

　　　　策略互动…………………………………………………（84）

　第一节　地方政府间策略互动的过程………………………（84）

　第二节　地方政府间竞争与环境治理的关系验证…………（89）

　第三节　考核评价指标对地方政府环境治理策略互动的

　　　　　影响………………………………………………………（92）

第三篇　多元参与的路径及难点

第七章　治理责任分配与市场激励型环境政策的结合…………（103）

　第一节　治理责任分配与市场激励型环境政策的研究………（104）

　第二节　治理责任分配、市场激励型环境政策与"蓝色

　　　　　红利"……………………………………………………（107）

　第三节　市场激励型环境政策影响的实证设计………………（113）

　第四节　市场激励型环境政策发挥作用的条件………………（118）

第八章　考核评价指标与企业决策………………………………（128）

　第一节　考核评价指标对企业选址的影响机制………………（128）

　第二节　研究设计与数据处理…………………………………（129）

　第三节　考核评价指标与企业选址间关系的实证分析………（132）

第九章　企业比较优势受环境治理影响 ················ （138）

　　第一节　环境治理对企业比较优势影响的理论机制 ········ （139）

　　第二节　环境治理背景及研究方法选择 ·············· （143）

　　第三节　环境治理对企业出口的影响 ··············· （146）

第十章　社会参与对环境治理的影响及其难点 ·········· （154）

　　第一节　社会参与对环境治理的影响机制 ············ （154）

　　第二节　实证研究设计 ······················· （157）

　　第三节　社会参与对环境治理影响的实证研究 ········· （159）

第四篇　构建多元参与的环境治理体系的若干建议

第十一章　基本结论 ························· （165）

　　第一节　多元参与要解决的核心问题 ··············· （166）

　　第二节　多元参与的突破点 ···················· （167）

　　第三节　多元参与的路径和难点 ················· （168）

第十二章　若干建议 ························· （170）

　　第一节　解决办法之一：激励机制设计 ·············· （170）

　　第二节　解决办法之二：激励企业提升技术水平 ········· （171）

　　第三节　解决办法之三：激励社会力量积极参与 ········· （172）

　　第四节　可借鉴的方案之一：充分发挥市场和社会参与的

　　　　　　作用 ···························· （173）

　　第五节　可借鉴的方案之二：合理的考核评价指标体系

　　　　　　设计 ···························· （175）

参考文献 ······························· （177）

前　　言

　　绿色发展理念的形成有着悠久的历史基础和深厚的理论源泉。在人类200万年的生存历史中，除了晚近的这几千年外，人类一直是通过采集食物和猎取动物相结合的方式来获取自己的生存资料（克莱夫·庞廷，2015）。彼时，人类的生产活动对环境的影响很小。到了公元前5000年前后，随着定居农业的发展，人口数量迅速跃升，于公元200年时达到了2.5亿人（克莱夫·庞廷，2015）。自此以后，人口的增长对环境施加的压力越来越大，原有生态系统的自然平衡和固有稳定也受到冲击。科学研究正在不断地告诉我们，如果目前的趋势持续下去，即使持续一个世纪，地球及其居住者的结果将是这个世界的崩溃……在气候和生态系统中催生巨大变化，将无数人和不计其数的物种置于危险当中（约·贝·福斯特，2015）。故以绿色发展理念引领经济发展方式转变来保证人类社会持续发展成为现实需要。

　　现实需要催生了古今中外学者对生态环境问题的重视，随着生态环境对人类社会影响的讨论逐渐理论化，绿色发展理念的理论源泉也逐渐明晰。例如，马克思和恩格斯从人与自然的关系出发对生态环境问题表达了一定见解，"没有自然界，没有感性的外部世界，工人就什么也不能创造。它是工人用来实现自己的劳动、在其中展开劳动活动，由其中生产出和借以生产出自己的产品的材料"（《马克思、恩格斯全集》，2009）。儒家思想中关于人与自然关系的记载体现了"天人合一"的观点，《论语》中说："子钓而不纲，弋不射宿。"荀子则认为："草木荣华滋硕之时则斧斤不入山林，不夭其生，不绝其长也。"道家思想从另一个角度体现了"天人合一"的观点。老子《道德经》认为:"故道大、天大、地大、人亦大。域中有四大,而人居其一焉。人法地、地法天、天法道、道法自然。"这些观点无不体现着人与自然和谐共生的生态观念,也成为绿色发展理念的重要理论源泉。映照中国现实,无论从历史背景还是从理论逻辑角度看,绿色发展理念都足以成为国家层面的治理理念。

绿色发展理念的提出及落实有着充分的实践源泉和讨论过程。20世纪60年代开始,关于经济发展所造成的生态环境问题越来越受重视,渐渐地,"可持续发展"和"绿色发展"这两个概念相继被提出,并在一国乃至全球发展中的地位不断提升,进而上升至发展理念层面。1962年,美国人卡逊发表了《寂静的春天》,对传统工业文明造成环境破坏作了反思,引起各界对环境保护的重视。此后,罗马俱乐部于1972年发表了《增长的极限》,对西方工业化国家高消耗、高污染的增长模式的可持续性提出了严重质疑。在党的十八届五中全会上,作为新发展理念之一的"绿色发展"被首次提出且进行了详细阐释,"坚持绿色发展,必须坚持节约资源和保护环境的基本国策,坚持可持续发展,坚定走生产发展、生活富裕、生态良好的文明发展道路,加快建设资源节约型、环境友好型社会,形成人与自然和谐发展现代化建设新格局,推进美丽中国建设,为全球生态安全作出新贡献。"[①] 至此,"绿色发展"成为国家治理层面的发展理念。

践行绿色发展理念的关键路径是形成绿色发展方式。关于绿色发展方式的性质。

第一,从生态环境的性质上来看,生态环境是不可或缺的生产要素,绿色发展方式是对生产要素的保护。约翰·穆勒将生产要素分为劳动与适当的自然物品两类,其中适当的自然物品指的是"某些属于自然存在的或者生长的适合用来满足人类需要的物品"(约翰·穆勒,2017)。不

---

① 习近平:《中国共产党第十八届中央委员会第五次全体会议公报》,《人民日报》2015年10月30日。

同生产准则形成了不同要素组合形式，进而导致了经济产出与生态环境保护之间的矛盾，"产出的经济准则和爱惜环境的生态准则有着本质的不同。……企业层面对经济产出最大化的追求导致了经济层面不断恶化的浪费。然而，从生态角度来看是浪费和破坏自然资源，从经济角度来看却是增长的来源"（安德烈·高兹，2018）。如此一来，当经济发展到一定程度时，人口、资本等生产要素所带来的边际效益可能存在极限。人们一定会从生态保护的行为中寻找到商机，从而妥善地处理好经济发展与生态保护的关系（杰弗里·希尔，2016）。从这些观点和理论中可以看到，绿色发展方式是从战略角度来保护生产要素以维持人类的可持续发展。

第二，绿色发展方式为经济提供了新的增长点。从实践层面上讲，若生态环境保护得当，生态环境将催生新的经济增长点。正如习近平总书记在党的十八届五中全会第二次全体会议上指出的："绿色循环低碳发展，是当今时代科技革命和产业变革的方向，是最有前途的发展领域，我国在这方面的潜力相当大，可以形成很多新的经济增长点。"不仅如此，生态环境还是居民不可或缺的生活要素。因而，生态环境不仅是经济的增长点，还是人民生活的增长点，即"要坚定推进绿色发展，推动自然资本大量增值，让良好生态环境成为人民生活的增长点"[1]。基于此，绿色发展方式将从节约能源、使用新能源、环境治理等方面持续发力，为发展新产业注入新的活力，从而提供了新的经济增长点。

第三，绿色发展方式促使消费者形成绿色生活方式。如果仅仅注重生产端的减排，而不注重消费端的减排引导，绿色发展方式将难以维继。正是意识到消费者责任的重要性，Rees（1992）提出了生态足迹的概念，以此衡量维持一个人、城市、地区、国家的生存所需要的或者指能够容纳人类所排放的废物的、具有生物生产力的地域面积[2]，这实际上

---

[1]　习近平：《在省部级主要领导干部学习贯彻党的十八届五中全会精神专题研讨班上的讲话》，《人民日报》2016 年 5 月 10 日。

[2]　Rees W. E. , "Ecological Footprints and Appropriated Carrying Capacity：What Urban Economics Leaves Out", *Environment and Urbanization*, Vol. 4, No. 2, 1992.

为如何核算消费者责任提供了思路。所以，若要形成绿色发展方式，必须从生产端和消费端两方发力，形成绿色生产方式和绿色生活方式，才能从根本上践行绿色发展理念。

形成绿色发展方式必须有坚实的环境治理体系作为支撑，否则绿色发展的战略、方针、政策等不仅难以落地实施，且更难持续，这就是构建多元参与的环境治理体系的必要性之所在。"保护生态环境必须依靠制度、依靠法治。只有实行最严格的制度、最严密的法治，才能为生态文明建设提供可靠保障。"①

中国在中央政府层面制订了大量的法律法规，建立的是自上而下的环境行政管理体系（冉冉，2013）。这种环境行政管理体系作用的发挥，不仅需要政府，也需要企业、公众、社会组织积极主动地发挥作用。原因有三：第一，无论是企业还是公众，既是生产者也是消费者，均对生态环境产生影响，因而也有责任参与环境治理；第二，环境问题多而杂，且分散，如果仅依靠政府，监督成本、环境治理信息搜集成本等一系列成本对财政而言是不小的负担；第三，环境治理效果需要长期维持，如果企业减排较为被动，公众参与又不积极，即使花费大量人力、财力、物力取得了一定的环境治理效果，这种效果的长期维持也比较困难。因而构建多元参与的环境治理体系是现实需要。

在构建多元参与的环境治理体系所需要克服的诸多问题之中，"块状治理"所造成的"污染避难所""逐底竞争"等问题是必须要克服的核心问题。即"现行以块为主的地方环保管理体制，使一些地方重发展轻环保、干预环保监测监察执法，使环保责任难以落实"②。解决这一问题需要中央政府、地方政府、企业、社会力量共同发挥作用，尤其要注意的是，环境治理体系的各主体当中，任何一方的利益与责任出现不匹配

---

① 习近平：《在十八届中央政治局第六次集体学习时的讲话》（2013 年 5 月 24 日），《习近平关于社会主义生态文明建设论述摘编》，中央文献出版社 2017 年版，第 99 页。

② 习近平：《关于＜中共中央关于制定国民经济和社会发展第十三个五年规划的建议＞的说明》（2015 年 10 月 26 日），《十八大以来中央文献选编》（中），中央文献出版社 2016 年版，第 783—784 页。

的情况，都会影响到环境治理的积极性，进而影响到环境治理体系的可持续性。基于此，本书从利益与责任的分配出发，将构建多元参与的环境治理体系的突破点外化为两点。

第一，如何建立合理的责任共担制度，以缓解污染治理成本和责任在区域间、群体间转移的问题。中央政府需要从整体上制定环境政策和治理目标，并监督地方政府完成环境治理任务。在此过程中，要监督地方政府"对那些不顾生态环境盲目决策、造成严重后果的人，必须追求其责任，而且应该终身追究。"① 如此一来，从顶层设计上减少污染转移行为。社会力量也要积极参与到环境治理之中，社会参与不仅会及时反馈居民的环境治理需求，还能监督地方政府的环境治理行为，强化各区域的环境治理责任。地方政府要设定较高的环境门槛，并加强对企业排污行为的监督，不仅会减少自身的污染物排放，也会通过减少污染转入的方式来强化各地区自身的减排责任。

第二，如何设定合理的考核评价指标体系，将环境保护从外在压力转变为内在动力。"块状治理"的模式短期是很难彻底转变的，但在考核评价指标体系设定合理的条件下，环境治理同样会取得好的效果。因而，如何通过考核评价指标体系设置将环境保护同经济增长、利润获取一样纳入短期和长期发展计划是环境治理体系要解决的问题。2013 年 5 月 24 日，习近平总书记在党的十八届中央政治局第六次集体学习时强调，"最重要的是要完善经济社会发展考核评价体系，把资源消耗、环境损害、生态效益等体现生态文明建设状况的指标纳入经济社会发展评价体系，建立体现生态文明要求的目标体系、考核办法、奖惩机制"②。如果考核评价指标以经济增长为主而忽视生态环境，那么地方政府之间容易就 GDP 展开竞争，环境质量将下降；反之，如果将生态环境在考核评价指标体系中置于较高地位，将利于环境治理。政府的考核评价指标

① 习近平：《在十八届中央政治局第六次集体学习时的讲话》（2013 年 5 月 24 日），《习近平关于社会主义生态文明建设论述摘编》，中央文献出版社 2017 年版，第 100 页。

② 习近平：《在十八届中央政治局第六次集体学习时的讲话》（2013 年 5 月 24 日），《习近平关于社会主义生态文明建设论述摘编》，中央文献出版社 2017 年版，第 99 页。

体系设计也影响到企业决策，若考核评价指标更注重经济增长，那么政府也将更加注重引入高利润的企业，在这过程中难免出现降低环境门槛以引入这些企业的行为，而高利润、高污染企业也更倾向于在这些地区选址落户。所以，合理的考核评价指标体系能够激励政府和企业积极参与到环境治理之中。

基于上述分析，本书围绕构建多元参与的环境治理体系要解决的核心问题、突破点、路径及解决办法四点展开，其内容主要分为四部分。

（1）构建多元参与的环境治理体系要解决的核心问题（第一篇）。当下环境治理体系存在的一个核心问题是延续多年的"块状治理"模式带来"逐底竞争"等问题，以及通过资源重新配置带来的"污染避难所"等问题。第二章测度了区域间绿色发展的空间关联性，发现"块状治理"模式下，区域间的"竞争效应"会带来"逐底竞争"问题，从而干扰到环境政策实施效果。第三章和第四章则验证了"块状治理"模式下环境政策对资源配置的影响。结果发现，环境政策会通过劳动力、资本流动等资源配置的形式产生跨区域影响，这种影响使得环境政策宽松的地区成为"污染避难所"。要解决"块状治理"模式带来的一系列问题需充分发挥政府、企业和社会力量的监督作用，三者缺一不可，调动各级政府治污的积极性、激励企业主动治污和社会力量积极参与会从一定程度上约束"逐底竞争"行为，也会缓解"污染避难所"现象。

（2）多元参与的突破点（第二篇）。中国在调动各级政府积极参与环境治理过程中积累了大量经验，一来，笔者试图总结这些经验，为激励企业和社会力量积极参与环境治理提供突破点；二来，论证这些突破点如何调动各级政府积极参与环境治理的积极性，进而有利于解决"块状治理"模式带来的问题。本篇将突破点概括为两点，即治理责任分配和考核评价指标体系设计，第五章和第六章验证了治理责任分配和考核评价指标体系设计对环境治理的影响。结果证明，权责匹配的分权体制，以及提升环境治理在考核评价指标体系中的地位有助于地方政府间就环境治理展开良性互动，最终利于解决"逐底竞争"和"污染避难所"问题。研究结论可为激励企业和社会力量积极参与环境治理，从而为构建多元参与的环境治理体系提供一定路径和解决方案。

（3）多元参与的路径及难点（第三篇）。关于前者，若政府部门环境治理的两个经验即治理责任分配和考核评价指标体系能够激励企业积极进行环境治理，两个经验将成为多元参与的两条重要路径。第七章和第八章的结论发现，在将治理责任分配到企业基础上，充分利用市场工具的作用可激励企业主动参与环境治理，加强对企业环境治理的考核也可减少污染，这是激励企业发挥其在环境治理体系中主体地位的两条重要路径。在明晰路径后，第九章解释了促使企业积极参与环境治理的难点，即环境治理冲击到企业的比较优势。第十章通过实证角度论证了社会参与的影响及难点，结果认为，社会参与对环境治理的直接影响和间接影响均不显著，这与社会力量参与面临的诸多困难有关，第一个难点是缺乏社会力量参与环境治理的激励机制，第二个难点是社会力量参与的制度不够完善。

（4）多元参与的若干建议（第四篇）。主要内容是说明构建多元参与的环境治理体系的解决办法及方案。首先，在"共同但有区别的责任"基础上，完善环境治理制度的顶层设计，以激励政府、企业和社会力量积极进行环境治理。其次，激励企业提升自身技术水平以充分发挥"创新补偿"效应的作用，采用财政手段激励社会力量参与环境治理，并充分发挥社会力量在政府和企业考核评价过程中的监督作用。最后，本书提供了两个解决方案回应多元参与的路径和难点。方案一是以 C 县垃圾处理的经验为案例，采用财政手段激励企业和社会力量参与，全面调动政府、企业和社会力量的积极性。方案二是制定环境效率的考核评价指标，引导地方政府和企业将发展重点转移到提升效率上来。

本书的创新点和研究意义有：（1）学术思想方面。当前存在的环境污染问题意味着"块状治理"和单一化管制型治理需向多元共治转变。基于多元共治视角，本研究提出制定权责匹配的激励机制，以形成多元参与的环境治理体系，对现有政策体系进行优化富有新意。（2）学术观点方面。第一，多元共治理论依据有"溢出效应""竞争效应"等。以此为基础，本研究从中国现实出发，将"溢出效应""竞争效应"等理

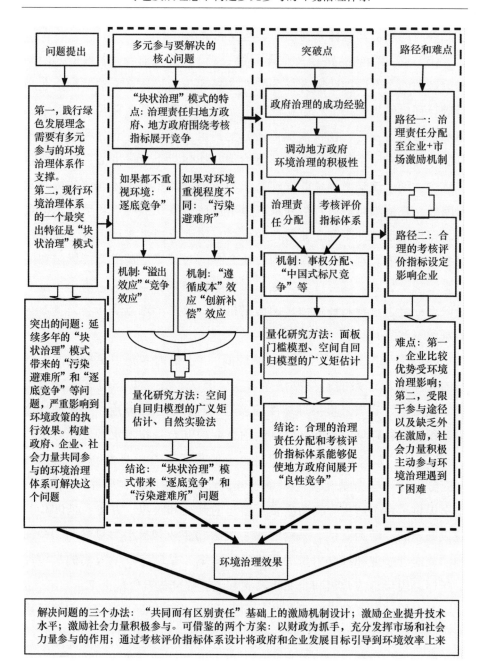

图 1　技术路线

论嵌入到中国式分权理论之中，结合面板门限模型、空间计量模型阐释了"块状治理"模式带来的"逐底竞争"和"污染避难所"等问题，对多元共治理论而言是一种丰富。第二，从理论角度阐释形成多元参与的环境治理体系的突破点。总结了政府治理的成功经验，在"共同而有区别责任"基础上，通过分析治理责任分配和考核评价指标体系设计对环境治理及企业行为产生的影响，找到了多元共治的突破点，并检验了这些突破点用于激励企业和社会力量参与环境治理的结果，拓展了多元共治理论的解释力。第三，关于企业和社会力量参与环境治理的难点。当企业比较优势受环境治理影响时，其参与环境治理的积极性也会下降。社会力量参与环境治理的难点不同，受限于缺乏外在激励和参与制度的不完善，社会力量积极主动参与环境治理遇到了困难。这些事实为多元共治理论的进一步完善提供了实证依据。（3）激励多元参与可能的解决方案。第一，以 C 县为案例，说明在合理分配环境治理责任的基础上，以财政为抓手，充分发挥市场工具的作用和社会力量的监督作用，从而达到多元共治的效果。第二，制定效率指标，加强对环境效率考核可激励地方政府和企业节约资源，提升环境效率。以考核评价指标为抓手调动地方政府和企业环境治理的积极性。

第一章　绿色发展的现状及环境治理体系的特征

在阐述和分析多元参与的环境治理体系要解决的核心问题之前，我们需要对绿色发展的现状加以量化描述，以便对绿色发展面临的问题形成直观认识。在此基础上，本章还对目前的环境治理体系的特征及环境治理模式的变化加以阐释，以指出构建多元参与的环境治理体系要解决的核心问题。本章从全国绿色发展的整体情况切入，从全貌上展现中国绿色发展的现状，相关事实可从能源投入和污染物排放两个角度，通过一些可量化的指标对绿色发展的现状加以展示（见图1.1—图1.6）。

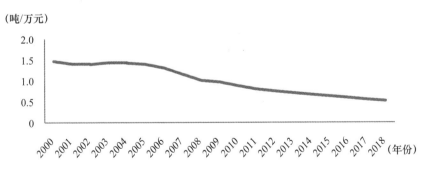

图 1.1　2000—2018 年中国单位 GDP 的能耗

第一，历年能源消耗的变化。从图 1.1 中不难看出，自 2008 年以来单位 GDP 能耗迅速下降，进一步，图 1.2 体现了能源结构变化，从 2011 年开始煤炭消费比例下降。众所周知，煤炭是诸多燃料当中污染物排放较高的燃料，煤炭消费比例的下降和单位能耗的下降都将降低污染物排放。此外，单位消耗下降、能源结构日趋合理，也是经济发展方式从高能耗转向低能耗的反映。

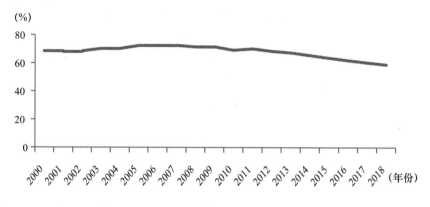

图 1.2　2000—2018 年中国历年煤炭消费比例

第二，我们从产出角度再观察一下污染物排放情况，从图 1.3—图 1.6 中可见，单位产值的废水排放量、单位产值的化学需氧量排放量、单位产值的氨氮排放量等污染物排放量均稳中有降，这反映了中国经济的发展方式逐渐从高排放向低排放转变。

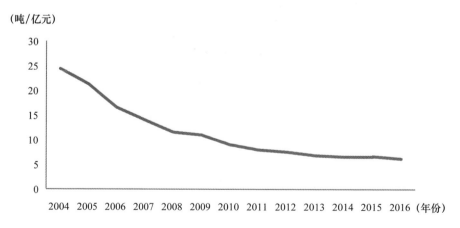

图 1.3　2004—2016 年中国单位产值的废水排放量

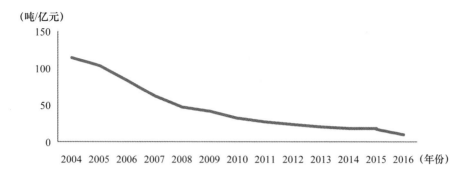

图 1.4 2004—2016 年中国单位产值的二氧化硫排放量

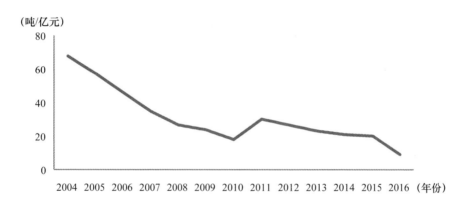

图 1.5 2004—2016 年中国单位产值的化学需氧量排放量

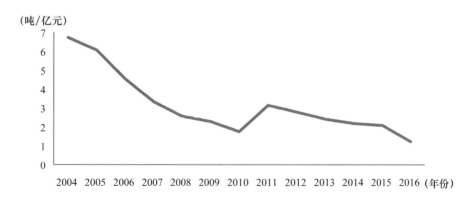

图 1.6 2004—2016 年中国单位产值的氨氮排放量

总结发现，无论是能耗的下降、能源消费结构的调整，还是单位产值排污的下降，不仅反映了新常态经济发展的基本特征，更显示了中国逐渐从粗放型发展方式转向低耗能、低污染的绿色发展方式。这些成就均显示了中国在践行绿色发展理念所作出的努力。

第一节　绿色发展的现状

我们描述完绿色发展的整体情况后，还要从区域层面切入，对中国区域层面绿色发展的现状加以描述。若采用一个指标来衡量绿色发展的状况，选择经济增长与环境污染之间的"脱钩"比较合适，该指标的含义是保证经济持续增长的前提下，污染物排放量下降。本部分通过梳理经济增长与环境污染之间从"挂钩"到"脱钩"的演进脉络，深入剖析经济增长与环境污染"脱钩"的演化特征，进而明确绿色发展理念在各区域践行的情况。在此基础上，践行绿色发展理念还需要有完善的环境治理体系作为支撑，本部分还要描述现行环境治理体系的特征。通过以上两点现实描述，冀望为构建多元参与的环境治理体系提供实证证据。

一　脱钩的概念

此部分研究主要集中于一国或地区是否脱钩以及脱钩程度的分析与比较。OECD（2002）最早赋予脱钩以经济学含义，即经济增长与环境污染是否同步变化的关联。为使脱钩便于量化，OECD采用"驱动力—状态—响应"分析法构建了脱钩指数模型，其数值由末期的环境压力与经济驱动力之比除以基期的环境压力与经济驱动力之比而得（OECD，2002）。OECD脱钩指数理论一经提出，便得到诸多学者的广泛应用。比如，Sauer和Madr（2012）针对捷克的空气污染数据，勾画了人均收入水平与空气污染之间的脱钩曲线，结果显示捷克在20世纪80年代末开始出现EKC的拐点，此时人均收入与空气污染排放之间亦开始表现出脱钩的趋势。再比如，Gupta（2015）运用"驱动力—压力—状态—影响—响应"方法探究了OECD国家的经济增长与工业污染排放之间向着脱钩方向发展的情况，结果显示 OECD 国家表现为相对脱钩状态多于绝对脱钩状态的特征，据此，他认为 OECD 国家仍然面临着不小的环境压力。尽管 OECD 脱钩指数理论为我们初步判断经济增长与资源环境是否同步变化的关系提供了可行的测度方式，然而，该指数却因为基期选择的不同而出现差异，因此在判断区域脱钩状态及其发展特征时具有较大缺陷。Tapio（2005、2007）对此做了一些改进，他采用弹性系数法构造了脱钩指数，并由此将脱钩弹性系数设置为经济增长率与污染排放增长率的比值。这种处理方式不仅规避了脱钩指标由于基期选择存在的不稳定性，而且使分析脱钩状态的内部成因成为可能，脱钩理论因此而成为定量研究区域经济发展模式与可持续性的分析工具。比如，陆钟武等（2011）在定量测算脱钩系数大小的基础上定性分析了脱钩状态，并将经济增长与资源环境压力之间的脱钩类型划分为绝对脱钩、相对脱钩和未脱钩三类。此外，不少学者对脱钩进行分解并考察了其阶段性特征。

二　脱钩弹性系数理论

前文分析指出，Tapio 脱钩弹性系数理论定量分析了污染排放增长率随着经济增长率的变化而变动的情况，并且改进了 OECD 脱钩指数理论受基期选择的影响而呈现出不同状态的缺陷。此处采用 Tapio 脱钩弹性系数法对经济增长与环境污染之间的脱钩加以量化，其测算方法是依据基期与末期的污染排放增长率除以相应期内的经济增长率而得，表达式为：

$$e = (\Delta E/E)/(\Delta Y/Y) \tag{1.1}$$

e 是经济增长与环境污染脱钩弹性系数；E 为污染排放量；ΔE 为末期与基期的污染排放量之差；Y 为地区生产总值；ΔY 表示末期与基期的地区生产总值之差。根据 Tapio 关于脱钩的分类标准，我们可以将经济增长与环境污染脱钩归纳为八大类。最常见的是相对脱钩与绝对脱钩，其中，相对脱钩要求污染排放增长率低于经济增长率，而绝对脱钩的要求更为严格，除了满足上述条件外，还要求经济增长率提高的同时污染排放增长率为负，即经济增长的"去污染化"状态。采用 Tapio 脱钩分类标准的合理性在于，该判定标准综合"经济—环境"两个指标的动态弹性系数变化情况，并由此设置了"大于 1.2""0.8—1.2""0—0.8"以及"小于 0"四个区间，在理论上全面呈现出了经济增长与环境污染之间由"挂钩"到"相对脱钩"再到"绝对脱钩"的动态演变的全过程，同时也比较符合现实中经济增长与环境污染之间的各种耦合与脱钩情形。脱钩状态的八种分类及判定标准如表 1.1 所示。

表 1.1 　　　　　　　　Tapio 弹性系数法的八种脱钩状态

状态 I	状态 II	污染排放	经济增长	弹性系数
脱钩	相对脱钩	增加	增加	$0 \leq e < 0.8$
	绝对脱钩	减少	增加	$e < 0$
	衰退脱钩	减少	减少	$e > 1.2$
负脱钩	扩张负脱钩	增加	增加	$e > 1.2$
	强负脱钩	增加	减少	$e < 0$
	弱负脱钩	减少	减少	$0 \leq e < 0.8$
连接	增长连接	增加	增加	$0.8 \leq e < 1.2$
	衰退连接	减少	减少	$0.8 \leq e < 1.2$

注：表 1.1 依据 Tapio（2005；2007）编制。其中，e 为脱钩弹性系数。

三　全国及七大区域脱钩状态

本部分为全国城市层面以及七大区域城市层面进行相关分析。结合上文给出的脱钩弹性系数测算公式，以 2004—2016 年全国 272 个地级以上城市的工业 SO_2 排放数据为例[①]，分别测算出全国以及七大区域经济增长与工业 SO_2 排放脱钩的系数大小。观察表 1.2 可知，各区域的脱钩状

————————

① 选取工业 SO_2 排放作为考察对象的原因有二：一是现实中环境污染源主要为工业污染排放，而在所有的工业污染物种类中，工业 SO_2 排放的数据更加齐全，并且黎文靖和郑曼妮（2016）指出，该指标相比于其他工业污染排放指标更易于观察、识别和计量；二是依据历年《中国城市统计年鉴》《中国区域经济统计年鉴》以及《中国环境统计年鉴》等的统计数据可知，经济增长率的提高并没有引起工业 SO_2 排放增长率相同比例的提高，因而更加符合脱钩的定义：经济驱动力与环境压力之间非同步变化的关联。

态以绝对脱钩为主流，且在整体上呈现出绝对脱钩与相对脱钩交替（波动）的特征，其特点表现为三个方面。

第一，区域层面的经济增长与工业 SO_2 排放之间呈现出不断趋于绝对脱钩状态的特征。例如，华中地区的脱钩弹性系数在经历了基期（2004—2005 年）的扩张负脱钩状态（1.26）后，逐渐向中期（2010—2011 年）的相对脱钩状态（0.73）转变，并最终优化为末期（2015—2016 年）的绝对脱钩状态（−6.39）。2004—2016 年全国层面经济增长与工业 SO_2 排放之间处于绝对脱钩状态的年份达到 8 年，剩下 4 年为相对脱钩状态。由此可见，中国工业 SO_2 排放大体上维持了增长量的有效控制，经济的可持续发展潜力较大。

第二，区域层面的脱钩状态存在绝对脱钩与相对脱钩相互交替的特征。尽管大部分区域经济增长与工业 SO_2 排放不断向绝对脱钩状态优化，但这种优化不是一蹴而就的，考察期内的脱钩状态并非稳定地维持在绝对脱钩或者相对脱钩单一状态，而是呈现出两种状态相互交替的特征。这一现象与杨浩哲（2012）基于中国流通产业碳排放研究所得到的"脱钩到负脱钩再到脱钩"阶段性特征的结论相类似。以华北地区为例，在经历了 2004—2005 年和 2005—2006 年的相对脱钩状态（分别为 0.33 和 0.15）后，连续迎来了四个年度（2006—2007 年、2007—2008 年、2008—2009 年和 2009—2010 年）的绝对脱钩状态（分别为 −0.36、−0.12、−0.53 和 −0.13），紧接着又变为 2010—2011 年的增长连接状态（1.07）和 2011—2012 年的扩张负脱钩状态（7.78），直到 2012—2013 年度以后才优化为四个连续的绝对脱钩状态（分别为 −7.86、−0.18、−4.09 和 −6.56）。

第三，2012 年前后个别区域的个别年份出现了扩张负脱钩或增长连接的状态。其中，2010—2011 年华北地区的增长连接状态，2011—2013 年七大区域的扩张负脱钩状态，均显示这一时期各区域的经济增长加重了工业 SO_2 排放的程度，可持续发展能力有待进一步提高。究其原因，可能与国际金融危机有关。中国政府在面临全球经济危机以及国内经济下行的压力下所采取的一系列刺激措施（比如加快基础设施和住房建设、扩大固定资产投资等），增加了钢铁、化工等粗放型传统产业的需求（李健等，2019），尽管短期内有助于抑制经济下滑，然而长期内却延缓了产业结构升级与节能减排的步伐、加重了生态环境负荷，进而导致许多区域的脱钩状态徘徊在扩张负脱钩与绝对脱钩之间。

综上，经济增长与工业 SO_2 排放之间的脱钩关系不稳定，总体上呈现出相对脱钩与绝对脱钩交替的特征，经济增长的可持续发展潜能较大，区域经济发展在长期内依然面临着"保增长"和"促脱钩"的双重任务。

表1.2　　　全国及七大区域经济增长与工业 SO_2 排放的脱钩状态

年份	全国	状态	华北	状态	华东	状态	华中	状态
2004—2005	0.742	相对脱钩	0.327	相对脱钩	0.794	相对脱钩	1.264	扩张负脱钩
2005—2006	−0.015	绝对脱钩	0.153	相对脱钩	−0.173	绝对脱钩	0.092	相对脱钩
2006—2007	−0.136	绝对脱钩	−0.363	绝对脱钩	−0.368	绝对脱钩	−0.158	绝对脱钩
2007—2008	−0.263	绝对脱钩	−0.116	绝对脱钩	−0.411	绝对脱钩	−0.325	绝对脱钩
2008—2009	−0.421	绝对脱钩	−0.526	绝对脱钩	−0.245	绝对脱钩	−0.587	绝对脱钩
2009—2010	−0.105	绝对脱钩	−0.131	绝对脱钩	0.007	相对脱钩	−0.242	绝对脱钩
2010—2011	0.611	相对脱钩	1.069	增长连接	0.666	相对脱钩	0.732	相对脱钩
2011—2012	−2.091	绝对脱钩	7.782	扩张负脱钩	−5.869	绝对脱钩	−4.427	绝对脱钩
2012—2013	0.678	相对脱钩	−7.859	绝对脱钩	5.583	扩张负脱钩	9.244	扩张负脱钩
2013—2014	0.017	相对脱钩	−0.176	绝对脱钩	0.299	相对脱钩	−0.082	绝对脱钩
2014—2015	−1.87	绝对脱钩	−4.09	绝对脱钩	−1.41	绝对脱钩	−0.67	绝对脱钩
2015—2016	−6.98	绝对脱钩	−6.56	绝对脱钩	−4.36	绝对脱钩	−6.39	绝对脱钩
年份	华南	状态	西南	状态	西北	状态	东北	状态
2004—2005	0.172	相对脱钩	0.585	相对脱钩	0.344	相对脱钩	5.105	扩张负脱钩
2005—2006	−0.163	绝对脱钩	−0.679	绝对脱钩	0.747	相对脱钩	0.464	相对脱钩
2006—2007	0.549	相对脱钩	0.072	相对脱钩	0.246	相对脱钩	−0.142	绝对脱钩
2007—2008	−0.300	绝对脱钩	−0.425	绝对脱钩	−0.128	绝对脱钩	0.068	相对脱钩
2008—2009	−0.451	绝对脱钩	−0.156	绝对脱钩	−0.279	绝对脱钩	−0.618	绝对脱钩
2009—2010	−0.171	绝对脱钩	0.309	相对脱钩	−0.247	绝对脱钩	−0.367	绝对脱钩

年份	华南	状态	西南	状态	西北	状态	东北	状态
2010—2011	-1.170	绝对脱钩	0.726	相对脱钩	0.739	相对脱钩	0.462	相对脱钩
2011—2012	-5.725	绝对脱钩	-4.975	绝对脱钩	-3.217	绝对脱钩	-2.612	绝对脱钩
2012—2013	9.016	扩张负脱钩	14.132	扩张负脱钩	6.211	扩张负脱钩	4.413	扩张负脱钩
2013—2014	-0.045	绝对脱钩	-0.110	绝对脱钩	-0.195	绝对脱钩	-0.174	绝对脱钩
2014—2015	-0.89	绝对脱钩	-1.38	绝对脱钩	-16.93	绝对脱钩	7.04	衰退脱钩
2015—2016	-6.55	绝对脱钩	-5.04	绝对脱钩	-10.92	绝对脱钩	5.74	衰退脱钩

注：各区域的 GDP 总量和工业 SO_2 排放总量均由其内部城市的 GDP 水平和工业 SO_2 排放量加总而得。

本章借助 Tapio 脱钩弹性系数法及其判定标准，运用 272 个地级市数据描述了全国及七大区域的脱钩状态，以明确区域层面绿色发展的现状。从中得到发现，无论是国家层面还是地区层面，经济增长与污染排放之间大多处于绝对脱钩与相对脱钩交替的状态，还未完全处于绝对脱钩的状态，也就是说，并非所有省份都达到了经济持续增长和污染物排放持续下降的状态。这说明，绿色发展理念的践行和绿色发展方式的形成还需加大减排力度，这也是构建多元参与的环境治理体系的必要性所在。

第二节　环境治理体系的特征

考虑到践行绿色发展理念需要有环境治理体系作为基础，我们需要从诸多环境治理现实中抽丝剥茧，找到现行环境治理体系的特征。诸多特征之中，治理思路、治理架构和治理模式至关重要，第一点代表着环境治理制度的运行路线，第二点代表环境治理目标的实施载体，第三点代表环境治理的形式。本部分将从这三点出发，对现行环境治理体系的特征加以描述。

一　环境治理思路

中国的环境治理思路转变经历了由"流"向"源"、由"控"到

"防"的过程。2017年10月，党的十九大报告首次提出，坚决打好"污染防治的攻坚战"。在此基础上，制定了"生态环境质量改善"这一总目标和生态环境保护9项约束性目标。与以往单个环境治理目标相比，该目标体系更为全面，也更为细致。生态环境质量的改善要求每一项约束性指标均达标，因而须从提升清洁生产技术、调整能源结构等源头出发来预防污染，而非仅针对某个指标，进行末端治理。

从国际经验来看，环境库兹涅茨曲线（EKC）认为，经济发展达到一定水平，环境质量就会改善。其中，内在机理分解为规模效应、技术效应和结构效应，当清洁生产技术的采用和清洁能源的使用所降低的污染大于经济规模扩大增加的污染时，环境质量会改善。从中可见，从生产技术和能源结构两大源头出发来降低污染物排放是打赢污染防治攻坚战的两大路径。

从中国的典型事实出发（见图1.7），若采用单位GDP能耗表征清洁生产技术水平，以煤炭消费占能源消费总量的比例表征能源结构，以人均GDP代表经济规模，那么，图1.7意味着废水排放量增长率和SO_2排放量增长率的演化路径与清洁生产技术水平的变化路径和能源结构的变化路径拟合度较高，与经济规模的变化路径近似。这意味着，污染物排放量的下降与清洁生产技术的提升以及能源结构调整有关，即充分发挥技术效应和结构效应对污染防治的正向作用。经济规模扩张速度的降低虽可能会降低污染物排放量，但是若依赖此方法，难以根治污染。原因是，经济发展直接关乎社会稳定，以缩小经济规模为代价来治理污染，其治理效果是难以为继的。

清洁生产技术的提升和能源结构的调整颇见成效。如图1.7和图1.8所示，从2012年起，废水排放量和SO_2排放量下降趋势较为明显，而自2013年起，环境污染治理投资总额占GDP的比重也稳步下降。相关数据凸显出，从源头上预防污染不仅节约治理成本，更可保证污染防治效果的持久性。

追根溯源，国家制定的清洁生产技术标准及各种关于降低能耗、调整能源结构的措施促进了污染防治重点由"流"向"源"、由"控"向

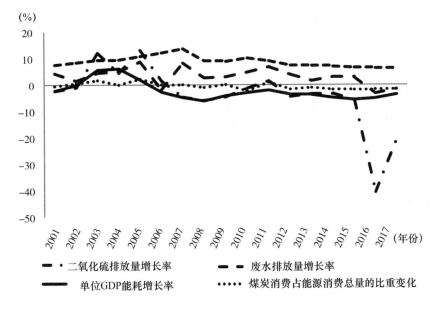

图 1.7　2001—2017 年中国污染物排放量变化与技术效应、结构
效应及规模效应间的关系

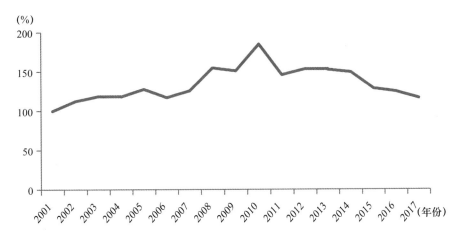

图 1.8　2001—2017 年中国环境污染治理投资总额占 GDP 的比重

"防"的转变。第一，国家制定了一系列清洁生产标准，对企业生产过程
所采用的生产技术、排污技术等给出了细致严格的标准，敦促企业采用清
洁生产技术，从源头上降低能耗、减少排污。第二，《中华人民共和国节
约能源法》从法律角度，《清洁能源消纳行动计划（2018—2020 年）》从

计划规划角度，引导能源结构的调整，一定程度上可从源头（原材料）上预防污染。第三，为保证一系列污染防治举措落到实处，2015 年 12 月，中央环境保护督察试点在河北省启动，此后在全国各省铺开。中央生态环境保护督察组针对公众举报的环境问题进行核查，并责令地方政府、企业加以整改，此后，针对整改情况开展"回头看"工作。这种环保督查制度有助于从源头上将高耗能、高污染企业排除在外，利于清洁生产技术的全面推广和能源结构的调整，从而可达到改善生态环境质量的目的。

二 环境治理体系架构

党的十九大报告提出"构建政府为主导、企业为主体、社会组织和公众共同参与的环境治理体系"的要求。这一体系对于打开环境治理思路、践行绿色发展理念具有很高的实践价值。众所周知，目前的环境治理体系是以政府为主导，围绕环境治理目标"自上而下"构建的。环境治理体系的构建需要有治理目标这个"指挥棒"，职能部门（主要指环保部门）围绕环境治理目标层层履行其职责。

1. 环境治理目标的变迁

与环保部门独立性的改革同步，环境治理目标经历了从浓度管理到总量控制再到环境质量改善的过程，目标越来越全面，越来越具有结果导向性。自国家环境保护"九五"计划后，环境治理进入了总量控制阶段。国家环境保护"九五"计划制定了总量控制的具体计划指标，为完成总量控制目标等，国家推行了"两控区"政策，对酸雨和 SO_2 排放较为严重的地区制定了浓度指标和总量控制指标。自此以后，控制主要污染物的排放量一直是中国环境治理的主要抓手，而且关于总量控制目标的执行越来越严格。"十一五"规划纲要首次提出"十一五"时期，化学需氧量和 SO_2 排放总量减少 10% 的"约束性"指标，与以往仅仅将其作为"预期性"指标有了很大变化，这说明总量控制目标的执行越来越严格。与以往的五年规划又不同，"十三五"规划则将经济社会发展的主要目标之一定位为"生态环境质量总体改善"。这意味着，环境治理目标转向了环境质量改善这一综合性指标。

2. 环境治理的相关部门

环境治理体系的构建需要具有独立性的环保部门来执行环境政策。总体来看，中国环保部门逐渐趋向独立执行环境政策，但目前仍未成为可独立实施环境政策的政府机构。从环保工作归属和环保部门地位角度看，通过一系列改革逐渐将环保工作划分至环保部门之下，而且环保部门的行政级别也在不断提升，这体现了环保部门逐渐具有了独立性。具有标志性的机构改革事件为：1988年之前，环境治理工作归城乡建设部门；1988年7月，环保工作从城乡建设部分离出来，成立独立的国家环境保护局；此后，于1998年，国家环境保护局升格为国家环境保护总局；2008年7月，国家环境保护总局升格为环境保护部；2018年3月，生态环境部组建，成为国务院组成部门。

从环保机构运行来看，标志性的事件是2016年推出的"环保机构监测监察执法垂直管理制度改革"（下文称"环保垂改"）。此举意味着环保机构运行具有了独立性，避免了"双重领导"在治理目标不一致时，环境治理效率低下的困境。在此之前，环保部门作为地方政府组成部门，其官员任免和财政资金均受限于地方政府，缺乏独立性；2016年颁布的《关于省以下环保机构监测监察执法垂直管理制度改革试点工作的指导意见》将环保部门的人事任免权，环境监察权、评价考核权等从市、县级政府上收至省级环保部门。从中可见，"环保垂改"使环保机构运行渐渐具有了独立性。

三　环境治理模式

虽然中国采取了一系列举措对环境保护的体制机制进行改革，"以条为主，条块结合"的环境治理模式正在逐步形成，但就目前来说，环境治理体系依然延续了"块状治理"模式。笔者将这一治理模式的特征归纳为以下三点。

1. 治理责任归地方政府

在"块状治理"模式下，地方政府无须为辖区以外的地区负责，这将产生两方面影响。一方面，如果全国整体对环境质量要求比较低，在环境污染具有较强溢出性的情况下，一个地区的环境污染会波及相邻地区，一个地区治理好环境，相邻地区也会受益，结果就是环境治理方面"搭便车"现象比较严重，这种"溢出效应"严重影响到邻近地区的环境治理积极性，进而出现"逐底竞争"现象。另一方面，如果不同地区对环境质量要求不同，那么在经济发展水平较高的地区，居民对环境质量的要求也会较高，为同时完成好经济指标和环境指标，这些地区会提高环境门槛，一些污染企业会被转移到经济发展水平较低的地区，从而产生"污染避难所效应"。

2. 地方政府需要兼顾多个治理目标

中央政府将治理目标"发包"给地方政府，并制定考核评价指标对地方政府的治理效果进行"验收"。这种"块状治理"模式有一定优势，因地方政府对本地信息更为了解，能更有效地完成治理目标。其缺点也比较明显，当地方政府面临多目标抉择时，可能会放弃环境这类"软约束"指标。有学者经田野调查发现，在面临多种指标情况下，地方政府优先考虑经济发展等带有"一票否决"性质的"硬指标"，而完成这些指标往往以忽视环境保护为代价。部分学者通过实证研究也发现了这一点，地方政府的财政支出具有"重经济建设，轻公共服务"的特征。对此，习近平强调，"最重要的是要完善经济社会发展考核评价体系，把资源消耗、环境损害、生态效益等体现生态文明建设状况的指标纳入经济社会发展评级体系，建立体现生态文明要求的目标体系、考核办法、奖惩机制"[①]。"一定要彻底转变观念，就是再也不能以国内生产总值增长率来论英雄了，一定要把生态环境放在经济社会发展评价体系的突出位置。"[②] 这意味着各级政府要将环境作为"硬约束"，在保护环境的基础上实现其他治理目标最大化。提高环境治理在考核评价指标体系中的地位确实取得了一定成效，明显发现近几年环境质量有所提高。

---

① 习近平：《在十八届中央政治局第六次集体学习时的讲话》（2013 年 5 月 24 日），《习近平关于社会主义生态文明建设论述摘编》，中央文献出版社 2017 年版，第 99 页。

② 习近平：《在十八届中央政治局第六次集体学习时的讲话》（2013 年 5 月 24 日），《习近平关于社会主义生态文明建设论述摘编》，中央文献出版社 2017 年版，第 100 页。

3. 地方政府之间就治理目标展开竞争

如果中央政府制定的考核评价指标兼顾经济与环境经济增长与环境保护并重，那么地方政府之间的竞争目标可能是经济与环境的协调发展，甚至出现环境治理的"逐顶竞争"。

总结"块状治理"模式的特征可见，治理责任主要归地方政府所有，在此基础上，治理目标也就"发包"给了地方政府，中央政府和上级政府根据治理目标完成情况对地方政府进行考核评价。该模式能够减少博弈流程、提高治理效率，这是其优点。其问题也比较突出：治理责任和治理目标"块状化"易导致"污染避难所"和"逐底竞争"现象，这将对环境治理效果产生十分显著的负面影响。

四　社会参与度较低

与中国环境政策制定和执行的过程不同，在诸多联邦制国家，地方政府是代理人，选民是委托人，居民会比较周围辖区环境政策效果，判断本辖区政府的能力，进而决定本地政府是否连任（Besley 和 Case，1995）。由此可推断联邦制国家环境治理体系的两个特征：其博弈过程甚少涉及联邦政府，环境治理水平的形成主要受公众影响。欧美等国家法律明确规定了公众在参与环境规制标准制定的权利。在欧洲，公众参与在 1993 年作为"第五环境行动计划"的一部分进入了其环境政策议程（Rauschmayer 等，2009），而美国早在 1969 年颁布的《国家环境政策法》中也有公众参与环境管理权利的相关规定。在联邦制国家，法律赋予了公众参与环境管理的权利，而公众也因其委托人身份而愿意积极参与环境治理。与这些国家"自下而上"的环境治理体系不同，中国的环境治理体系是"自上而下"构建的，环境政策主要由中央政府制定，地方政府履行环境治理责任，并监督企业减排治污。在此过程中，如何调动公众参与积极性十分重要。

总体而言，践行绿色发展理念需要构建多元参与的环境治理体系。就现行的环境治理体系来说，有三个特征值得我们注意：第一，环境治理思路已经呈现出由"控"向"防"的转变。只有构建起多元参与的环境治理体系，才能从源头上防止污染，而不是被动采取末端治理的方式。第二，治理架构是围绕环境治理目标"自上而下"构建的，这就意味着环境治理体系仍然要延续政府主导的模式，各级政府和环保部门之中，地方政府依然担负主要责任。第三，地方负责制决定了治理模式为"块状治理"，该模式具有博弈流程少、治理效率高的优点。但治理责任和治理目标"块状化"易导致"污染避难所"和"逐底竞争"现象。第四，政府为主导并不意味着其他主体没有治理责任。目前，社会力量在环境治理方面的参与度依然较低。"块状治理"模式带来的问题需要政府、企业和其他社会力量共同参与来解决，下文将在论证这一问题存在的基础上，总结政府在环境治理体系中发挥主导作用的经验，并分析这些经验推广至企业后的效果，不仅证明了多元参与的必要性，还证实了多元参与的突破点和路径。以此为基础，寻找多元参与的难点，试图为多元参与提供一定的建议和方案。

第　一　篇

"块状治理" 模式的影响

第二章 绿色发展的空间关联性

在绪论和第一章中，本书提到当下环境治理体系要克服的核心问题是"块状治理"所造成的"逐底竞争""污染避难所"等问题。而解决这些问题需要中央政府、地方政府、企业和其他社会力量共同参与到环境治理体系当中，以此缓解"块状治理"的不利影响，即"构建政府为主导、企业为主体、社会组织和公众参与的环境治理体系"。在论证多元参与的优势和难点之前，我们需要确认"块状治理"是否真的导致了上述问题。本章从"块状治理"是否引致并加剧了区域间经济增长和环境污染的空间关联性（绿色发展的空间关联性）出发，为找到"块状治理"所带来的"污染避难所""逐底竞争"等问题提供量化基础。本章以脱钩的脱钩弹性系数理论为基础，观察区域间绿色发展的关联性。

脱钩弹性系数包含经济增长率和污染排放增长率两个指标。对于第一个指标（经济增长率）而言，地方政府在考核评价指标的影响下，会与相邻城市存在激烈的竞争关系，这种"竞争效应"导致经济增长速度具有很强的空间关联性。对于第二个指标（污染排放增长率）来说，经济增长上的竞争会引发地方政府间在环境治理上的"竞争效应"。根据已有研究，地方政府间的环境治理存在"逐底竞争"和"逐顶竞争"等竞争模式（张华，2014）。除此之外，相邻城市之间的环境污染具有较强的溢出性，这意味着一个城市出现环境污染会波及相邻城市，与此同时，污染物的溢出性使得各城市之间在污染治理上的"搭便车"现象比较严重，这种"溢出效应"也将影响到邻近地区的环境治理行为（张可等，2016），这将导致环境治理的"逐底竞争"。由此可见，"竞争效应"

和"溢出效应"使环境污染也具有较强的空间关联性，与之相关的脱钩状态也有可能存在一定的空间关联性。

第一节　绿色发展的空间关联性测度

1. 空间计量模型构建及回归方法选择

本章主要目标是考察区域间绿色发展在空间上的相关性及时间上的收敛性，参考余泳泽等（2016）的做法，可以采用空间 GMM 方法，分别引入一组空间变量（$Wlne_{it}$）和一组控制变量（Z_{it}）到计量模型当中，将计量模型设置为如下形式：

$$\ln e_{it} = \alpha + \theta \ln e_{i,t-1} + \mu W_n \ln e'_{it} + \gamma Z_{it} + \varphi_{it} \qquad (2.1)$$

$\ln e_{it}$ 为被解释变量，表示城市 i 第 t 年的经济增长与环境污染脱钩弹性系数的对数形式；θ 为相邻两期脱钩弹性系数的回归参数，衡量绿色发展的时间关联性，即控制发展惯性对绿色发展的影响；W 为空间权重矩阵，表征地区间的空间关系；μ 为相邻地区空间影响的估计系数。考虑到脱钩弹性系数存在负数进而无法直接采取对数处理的局限，本章对脱钩弹性系数的分子（污染排放增长率）和分母（经济增长率）分别进行标准化处理：将分子和分母分别减去各自的最小值，再除以各自最大值与最小值之差，用公式表示为如下形式：

$$X^*_{ijt} = \frac{X_{ijt} - X_j^{\min}}{X_j^{\max} - X_j^{\min}} + C \qquad (2.2)$$

X 表示污染排放增长率（或经济增长率）；X^* 表示标准化之后的污染排放增长率（或经济增长率）；C 为常数。为得到对数形式的脱钩弹性系数，可以将标准化之后的分子除以标准化之后的分母，最后对其取对数即可。

归纳前人关于公式（2.1）的回归方法主要有：OLS 估计、FE 估计、一阶差分 GMM 方法和系统 GMM 方法等。考虑到绿色发展具有时间和空间上的关联性，即当期脱钩状态深受前期及周围城市脱钩状态的影响，本部分将采用空间 GMM 方法进行回归。如前所述，考虑到中国区域非均衡发展的特点，本章将全国 272 个地级以上城市依据七大区域划分为七个样本，并分别进行实证检验。

2. 变量选择及数据来源

式（2.1）中的解释变量为 $lne_{i,t-1}$，表示城市 i 第 $t-1$ 年的经济增长与环境污染脱钩弹性系数的对数形式，此处视为被解释变量的滞后一阶。W 为空间权重矩阵，除了使用基于 0-1 权重距离矩阵而得的行政距离权重矩阵以外，还采用了地理距离权重矩阵进行实证检验[①]。lne'_{it} 为除 i 地区以外的脱钩弹性系数的对数形式。考虑到经济增长与环境污染脱钩的现实意义以及数据的可得性，本章以 2004—2014 年中国 272 个地级以上城市的工业 SO_2 排放数据为例，将被解释变量与解释变量的考察范围缩小至经济增长与工业 SO_2 排放脱钩。此处，工业 SO_2 排放数据和地区生产总值数据来源于《中国区域经济统计年鉴》相应各期。

此外，式（2.1）中 Z 为控制变量的集合，主要包括影响脱钩收敛性质的两个方面：一是内部成因，主要为城市自身的禀赋，一般包括产业结构和人口密度，使用工业总产值占地区生产总产值之比（ind）表征产业结构，并用人口密度（$lnperson$）代表人口集聚水平；二是施加在脱钩之上的城市外部影响因素，主要包括 FDI、科技进步、环境治理和财政分权等。本研究使用实际利用外资额占地区生产总值之比（fdi）衡量经济开放程度，并用人均科技支出（tec）代表科技进步对环境污染的影响。此外，尽管学术界用于测量环境治理变量的指标众多，比如行政处罚案件数、污染治理费用等，但大多仅从规制的过程出发而没有考虑到实际的规制效果，为补充上述不足，同时考虑到本章采用工业 SO_2 排放数据为研究样本，使用工业 SO_2 去除率（rso_2）作为衡量环境治理的实际效果指标。财政分权对经济增长与环境污染的影响已被诸多研究证实，

---

① 有别于既有研究单独从 0-1 矩阵或单纯从地理距离矩阵考察空间因素的作用，本研究将 0-1 矩阵加以微调，并令同一省内的城市为 1，外省的城市为 0，由此构建行政距离权重矩阵，然后将行政距离权重矩阵和地理距离权重矩阵均纳入到动态空间面板模型的考核范围内，以便综合检验省内和省际城市之间的脱钩是否趋于空间集聚和时间收敛的状态，进而可以更加深入地从行政边界识别经济增长与环境污染脱钩状态的省际差距。

而关于财政分权的测量，学术界既有从收入角度，以省本级财政收入除以中央本级财政收入测算而得（张晏和龚六堂，2005）；也有从支出角度，以省本级财政支出除以中央本级财政支出（傅勇和张晏，2007），或以省本级（人均）财政支出除以省本级（人均）财政支出与中央本级（人均）财政支出之和测算得到（乔宝云等，2005）。如前所述，本章考察的是中国272个地级以上城市的面板数据，因此，财政分权的测算并不能完全按照省级层面的方法加以度量，故将财政分权设置为城市本级人均财政支出除以省本级人均财政支出与中央本级人均财政支出之和 $fd1$ 表示。上述控制变量的数据均出自历年《中国城市统计年鉴》，个别遗漏变量由《中国区域经济统计年鉴》补充得到。

第二节　绿色发展的空间关联性分析

1. 脱钩的空间关联性分析：基于"竞争效应"和"溢出效应"的基准回归

我们先后引入行政距离权重矩阵和地理距离权重矩阵，分别体现"竞争效应"和"溢出效应"，以此对全国及七大区域的绿色发展情况进行空间关联性分析。

（1）行政距离权重矩阵与地理距离权重矩阵的构建

空间权重矩阵的设定是模型的关键，而合理的空间权重矩阵构建可反映出地区间的"竞争效应"和"溢出效应"。在"政治集权"与"经济分权"体制下同一个上级管辖的地方官员构成政治竞争对手（尹恒和徐琰超，2011），因此，同一省份内的城市间易形成竞争关系。我们猜测这种省内城市之间的竞争关系会引致经济增长与环境污染向着脱钩的方向迈进。基于此，我们将位于同一省份的城市设定为1，不同省份的城市为0，且主对角线系数为0，以此设定行政距离权重矩阵来反映"竞争效应"。若行政距离权重矩阵的回归系数显著为正，则意味着省内城市在"竞争效应"的作用下使得区域间绿色发展呈现正向关联；反之则是负向关联。

"溢出效应"则主要体现在相邻城市，距离越近的城市，污染物扩散越强，环境治理投资的"溢出效应"也越强。我们借鉴多数文献的设定方法，将两个城市间距离取对数设置为权重矩阵来反映"溢出效应"（李涛和周业安，2009）。同理，若地理距离权重矩阵的回归系数显著为正，则相邻城市在"溢出效应"的作用下助推了区域间经济增长与环境污染脱钩的正向关联状态；反之则趋于负向关联。

（2）区域间绿色发展的空间关联性检验

对模型进行回归之前，先进行空间关联性检验，运用 Moran's I 指数方法对区域间绿色发展的空间关联性进行检验。当该指数显著为正时，表明脱钩状态存在空间正相关，反之则为空间负相关。在测算 Moran's I 指数时采用的权重矩阵包括行政距离权重矩阵和地理距离权重矩阵，根据两个权重矩阵得到的 Moran's I 指数检验结果见表2.1。

可以发现，根据行政距离权重矩阵得到的 Moran's I 指数除在2010年显著为负外，在2004年、2007年、2009年和2014年均显著为正，即通过显著性水平的 Moran's I 指数在多数年份为正。造成上述现象的原因不难理解，省内城市之间面临着相同的经济增长环境与相同的产业政策和环境治理等状态，为了争夺更有利于自身经济发展的各种资源，省内城市之间的直接竞争程度往往超过了与外省城市之间的竞争程度，因此行政距离权重矩阵得到的空间关联性显著为正。与此同时，地理距离权重矩阵得到的显著性 Moran's I 指数也基本为正，且这种显著正相关性由2004年的0.027拉大至2014年的0.042的水平。原因可能是，地理距离邻近城市之间往往在环境治理方面存在"搭便车"行为，导致地区间"你多排，我也多排"（张可等，2016），这会使城市的经济增长与环境污染有向不利于脱钩的方向发展的倾向（反之亦反是），如此一来，邻近城市之间存在"逐底竞争"的状态，进而导致从地理距离权重矩阵角度考察的空间关联性为正。此外，某些年份没有呈现出显著空间关联性的一个重要原因在于脱钩弹性系数波动较大，特别是当脱钩状态呈现出脱钩与未脱钩交替的特征时，城市之间的脱钩状态在空间关联性上并无太多规律可言。基于此，需要借助空间 GMM 方法，更加严密地检验各区域间绿色发展是否存在显著的空间关联性。

表2.1　　　　　　　　　Moran's I 指数（2004—2014 年）

年份	行政距离权重矩阵	地理距离权重矩阵	年份	行政距离权重矩阵	地理距离权重矩阵
2004	0. 121 ***	0. 027 ***	2010	0. 002	− 0. 002
2005	− 0. 004	− 0. 002	2011	0. 065 ***	0. 011 *
2006	− 0. 005	− 0. 001	2012	0. 002	− 0. 004
2007	0. 249 ***	0. 044 ***	2013	− 0. 007	− 0. 002
2008	0. 000	− 0. 006	2014	0. 173 ***	0. 042 ***
2009	0. 040 **	0. 000			

注：*、** 和 *** 分别表示 10% 、5% 和 1% 的显著性水平；回归结果由 Stata13. 1 软件估计得出。

2. 基于空间 GMM 模型的回归分析

（1）基于行政距离权重矩阵的"竞争效应"视角

表2.2 报告了加入行政距离矩阵之后区域间脱钩相关性的回归结果，归纳可发现：除东北地区外，其他地区绿色发展的空间关联性均通过了显著性检验（Wlne 的系数在 10% 的水平上显著不为 0）。其中，全国层面以及华东、华中和华南地区层面的空间效应显著为正。这一结果较为符合前文关于行政边界对于城市施加正向影响的猜测，即上述区域内的城市之间存在较强的"竞争效应"，且这种效应表现为显著的正相关关系，各省内城市之间在经济增长与污染减排方面相互竞争，最终使得脱钩状态呈现出正相关。但与此同时，华北、西南和西北地区的空间效应显著为负，意味着上述区域中省会城市以及拥有更多政策资源的优势城市要比普通城市更易于脱钩。可能的解释在于，具有丰富资源禀赋与较高行政力量的优势城市，特别是集全省之力重点建设的省会城市，往往会产生"虹吸效应"，吸引更多的资本、劳动力和技术等优质要素向该地聚集，使之具有较强的经济增长和污染减排的优势。相比之下，那些

缺少政策优惠且资源禀赋较少的普通城市则会缺乏同时维持经济增长与污染减排的激励，特别是在优势城市辐射能力较少时，普通城市更缺乏助推脱钩的实力与激励。

对比具有空间正相关特征的华东、华中和华南地区与具有空间负相关特征的华北、西南和西北地区可知，前者省内城市之间基于"逐顶竞争"和"逐底竞争"而存在对相邻城市的正向溢出作用，因而华东、华中和华南地区省内城市之间的发展更为均衡，相比之下，后者省内城市对相邻城市的"虹吸效应"显著，发展更集聚于大城市，因而华北、西南和西北地区的非均衡发展特征更为突出。

表 2.2　　　　　　　　　　行政距离矩阵的空间 GMM 回归结果

	全国	华北	华东	华中	华南	东北	西南	西北
$Wlne$	0.230 *** (5.51)	−0.204 ** (−2.17)	0.235 *** (3.26)	0.346 ** (2.58)	0.153 * (1.69)	0.027 (0.38)	−0.192 ** (−2.28)	−0.145 *** (−2.80)
lne_{t-1}	−0.109 *** (−3.62)	−0.150 *** (−3.71)	−0.121 *** (−3.70)	−0.085 (−1.30)	−0.153 ** (−1.98)	−0.205 *** (−5.56)	−0.003 (−0.04)	−0.133 *** (−3.37)
$lnperson$	−0.003 (−1.34)	−0.061 (−0.82)	−0.002 (−0.54)	0.006 (0.74)	−0.008 (−0.42)	−0.154 *** (−3.63)	−0.202 (−0.78)	−0.011 (−0.71)
ind	−0.063 * (−1.90)	−0.155 (−1.44)	−0.120 * (−1.92)	0.091 (1.14)	−0.092 (−1.39)	0.016 (0.23)	−0.181 (−0.93)	−0.039 (−1.07)
fdi	−0.016 (−0.30)	0.247 (0.86)	0.040 (0.52)	−0.074 (−0.61)	0.237 (0.83)	−0.037 (−0.73)	−0.405 ** (−2.22)	−0.060 (−0.59)
tec	0.002 (0.69)	−0.008 * (−1.69)	0.000 (0.04)	−0.001 (−0.22)	0.001 (0.08)	−0.010 * (−1.90)	0.013 (0.98)	0.004 (1.03)
rso_2	−0.044 *** (−2.95)	−0.105 * (−1.67)	−0.041 (−1.14)	−0.043 *** (−2.71)	−0.038 (−1.17)	−0.064 * (−1.84)	−0.032 (−0.63)	−0.006 (−0.53)
$fd1$	−0.004 * (−1.69)	0.015 (1.01)	−0.010 *** (−4.02)	−0.070 * (−1.67)	−0.003 (−0.81)	−0.011 (−0.87)	−0.008 (−0.56)	0.008 (0.85)
个体	Y	Y	Y	Y	Y	Y	Y	Y
时间	Y	Y	Y	Y	Y	Y	Y	Y
AR (1)_ P	[0.059]	[0.085]	[0.059]	[0.076]	[0.079]	[0.017]	[0.016]	[0.014]

续表

	全国	华北	华东	华中	华南	东北	西南	西北
AR（2）_P	［0.376］	［0.443］	［0.744］	［0.246］	［0.757］	［0.346］	［0.253］	［0.771］
Hansen_P	［0.764］	［0.787］	［0.939］	［0.731］	［0.787］	［0.785］	［0.790］	［0.883］
R^2	0.441	0.376	0.552	0.547	0.397	0.581	0.372	0.762
N	2720	330	670	530	350	340	310	190
收敛速度	0.115	0.163	0.129	—	0.166	0.229	—	0.143

注：（ ）内数值为标准差；*、** 和 *** 分别表示 10%、5% 和 1% 的显著性水平；回归结果由 R 软件估计得出，下表同。

（2）基于地理距离权重矩阵的"溢出效应"视角

地理距离权重矩阵是基于城市之间的经纬度，并采用 R 软件测算而得。观察表 2.3 可以发现：从空间关联性来看，全国及七大区域的空间效应均显著为正，意味着与高（低）脱钩状态城市邻近的亦是高（低）脱钩状态城市。之所以出现这种"高—高"或"低—低"的空间组合，如前所述，可能的解释是邻近城市之间的脱钩状态存在"溢出效应"，特别是污染治理的"搭便车"行为，使得这种"溢出效应"得以放大。对于地理距离邻近的两个城市而言，只要其中一个城市有改善环境的需求并付诸行动，那么另一个城市便可享受该环境治理的溢出收益而无须支付治理成本。如果没有外部力量的干预，则这种博弈的结果有可能是所有城市均没有治理污染的激励而坐等"搭便车"，最终的结果是城市之间呈现"逐底竞争"的未脱钩状态，很难取得真正意义上的脱钩效果。

表 2.3　　　　　　　　　　地理距离权重矩阵的空间 GMM 回归结果

	全国	东北	华北	华东	华南	华中	西北	西南
$Wlbtg$	0.917 *** (58.39)	0.814 *** (18.54)	0.661 *** (6.36)	0.845 *** (22.34)	0.711 *** (16.25)	0.822 *** (26.24)	0.808 *** (21.20)	0.649 *** (8.42)
$lbtg_{t-1}$	−0.017 （−0.75）	−0.054 （−1.47）	−0.014 （−0.21）	−0.006 （−0.29）	−0.015 （−0.42）	−0.036 （−0.55）	0.003 （0.10）	0.083 （0.99）

续表

	全国	东北	华北	华东	华南	华中	西北	西南
$\ln person$	0.001 (0.52)	0.000 (0.04)	0.002 (1.21)	0.004 (1.43)	−0.003 (−0.58)	0.004 (1.49)	−0.002 (−1.13)	−0.000 (−0.07)
ind	−0.021*** (−2.62)	−0.026* (−1.76)	−0.037* (−1.94)	−0.022 (−1.21)	−0.002 (−0.08)	−0.010 (−0.40)	−0.039*** (−2.88)	−0.044 (−1.07)
fdi	−0.083** (−2.05)	−0.035 (−0.50)	−0.098 (−0.88)	−0.065 (−1.07)	0.119 (0.46)	0.015 (0.23)	−0.101 (−0.92)	−0.402** (−2.38)
tec	0.004 (1.08)	−0.004 (−0.77)	−0.006*** (−2.97)	0.008 (1.14)	0.015 (0.71)	−0.001 (−0.26)	0.001 (0.41)	0.016 (1.15)
rso_2	−0.031*** (−3.36)	−0.028 (−1.01)	−0.089* (−1.72)	−0.038* (−1.78)	−0.041** (−2.04)	−0.008 (−1.36)	0.007 (0.71)	−0.028 (−1.15)
$fed1$	−0.001 (−1.25)	0.004 (0.71)	−0.006 (−0.58)	−0.001 (−0.55)	−0.002 (−1.09)	−0.019 (−1.32)	0.010* (1.67)	−0.002 (−0.22)
_cons	−0.073** (−2.56)	−0.009 (−0.22)	0.043 (0.33)	0.008 (0.07)	−0.162 (−1.36)	0.004 (0.05)	−0.029 (−0.86)	0.038 (0.35)
个体	Y	Y	Y	Y	Y	Y	Y	Y
时间	Y	Y	Y	Y	Y	Y	Y	Y
AR（1）_P	[0.043]	[0.048]	[0.037]	[0.033]	[0.039]	[0.041]	[0.040]	[0.046]
AR（2）_P	[0.722]	[0.591]	[0.684]	[0.529]	[0.497]	[0.510]	[0.518]	[0.495]
Hansen_P	[0.334]	[0.293]	[0.227]	[0.291]	[0.277]	[0.252]	[0.220]	[0.223]
R^2	0.020	0.045	0.086	0.126	0.105	0.059	0.263	0.109
N	2720	340	330	670	350	530	190	310

　　综上，加入反映"竞争效应"的行政距离权重矩阵之后，全国层面以及华东、华中和华南在绿色发展方面呈现正相关状态。究其原因，可能在于行政边界的"竞争效应"使得这些区域的经济增长和环境污染均呈现相互模仿的状态，从而导致了"逐顶竞争"或者"逐底竞争"。相比于省外城市，同一省内的城市基本拥有相似的资源禀赋（劳动力、资金、土地、就业机会、环境政策等），这为提高其竞争提供了必要的物质基础。与此同时，随着居民环保意识的增强以及考核评价指标越来越注重环境质量的改善，存在直接竞争关系的省内城市往往竞相提高投资

设厂的环境门槛，通过制定比省内其他城市更严格的环境治理政策来达到考核标准。也可能因经济竞争出现环境治理"逐底竞争"的现象。显而易见，"逐顶竞争"的环境治理策略有助于经济增长与环境污染向着脱钩的方向发展（朱平芳和张征宇，2010）。与之相反的是，华北、西南和西北地区的绿色发展呈现负相关状态，这种现象可能与"竞争效应"所带来的"虹吸效应"有关，一个地区可能出现集全省之力重点建设的省会城市的现象，这样会导致"虹吸效应"，吸引周围城市的资本、劳动力和技术等优质资源向该地聚集，使之具有较强的经济增长和污染减排的优势，该区域内其他城市绿色发展则会弱化。

在反映"溢出效应"的回归结果中发现，无论是全国范围还是分区域，绿色发展均呈现正相关。邻近城市之间的绿色发展存在"溢出效应"，特别是污染治理的"搭便车"行为，使得相邻区域间的"溢出效应"加剧。如果依然维持"块状治理"模式，则这种博弈的结果有可能是"逐底竞争"的未脱钩状态，践行绿色发展理念将存在一定难度。

总之，根据上述实证结果可得出两点结论：第一，在"块状治理"模式下，中国的绿色发展存在区域关联且非均衡发展的趋势；第二，在这种模式下，区域间环境治理因"竞争效应"和"溢出效应"而出现"逐底竞争"现象。

第三章　环境政策的跨区域影响

　　第二章主要描述了在"块状治理"模式下,"竞争效应"和"溢出效应"使得绿色发展具有区域间的关联性,且出现环境治理的"逐底竞争"现象。此外,在"块状治理"模式下还会影响环境政策的执行,导致环境政策成为竞争工具,进而引发"污染避难所"现象。所以,第三章和第四章在第二章的基础上论证一个问题:在"块状治理"的背景下,环境政策是否使得部分地区成为"污染避难所"?一般情况下,污染转移在微观和中观层面是以企业选址和产业结构变化的形式发生,若严格的环境政策导致资源流动至环境政策较为宽松的地区,即"污染避难所效应",这将导致污染从环境政策严格的地区转移到环境政策宽松的地区,全国范围内生态环境整体改善存在难度。第三章对环境政策的生产要素配置效应加以实证验证,以充分证明这一核心问题的存在性。

　　严格的环境政策通过产出效应、要素间的替代效应或"要素转换"效应、"创新补偿"效应等对企业间生产要素配置产生影响(Berman 和 Bui,2001;Morgenstern 等,2002;Gray 等,2013;陈媛媛,2011;陆旸,2011;张彩云等,2017;邵帅和杨振兵,2017;张彩云等,2020)。如果扩展到整个宏观经济领域,环境政策则会影响到资源在行业间、区域间的配置(王勇等,2015)。借鉴这些理论和文献,本章着重分析环境政策对生产要素配置的影响及其内在机制,以明确在"块状治理"模式下,环境政策如何通过影响生产要素配置导致了"污染避难所"问题。

　　在诸多相关研究中,本部分的核心解释变量即环境政策的指标选择是一个难点，当前我们的环境政策依然以命令控制型政策为主，因而本章的实证研究选择了这类政策作为考察对象。国务院于 1996 年和 2000 年先后颁布了《"九五"期间全国主要污染物排放总量控制计划》和《大气污染防治法》，环境治理目标开始在浓度管理基础上，逐渐重视总量控制。此后，"两控区"的设定意味着总量控制政策开始针对排污严重的地区实施，此后，"十一五"规划将总量控制目标由预期性调整为约束性，着重于区域减排的"两控区"政策和着重于污染物减排量的约束性污染控制政策相互结合构成了较为完善的总量控制政策，其对各地区施加的减排压力促使减排目标超额完成。可见总量控制政策是近些年来力度比较大且影响范围比较广的一个环境政策，因而可以成为代表性环境政策。本研究以总量控制政策为例，考察其对生产要素配置的影响，旨在明晰"块状治理"模式下，是否存在"污染避难所"问题。

第一节　从企业决策到生产要素配置

如果严格的环境政策能够通过影响企业生产成本来促进劳动力、资本流动到清洁行业。这当然是最好的结果，但是区域间环境治理强度的差异可能导致另外一种结果，即严格的环境政策可能使生产要素由政策实施严格的地区流动到政策实施宽松的地区。

探讨影响机制的第一步是，环境要素如何进入企业生产函数。大部分学者认为污染是企业的一种要素需求（Bovenberg 和 De Mooij，1994；Fullerton 和 Metcalf，1997；Berman 和 Bui，2001）。理由如下：第一，污染由产品生产造成，企业造成污染的同时能从产品中获得收益，因而愿意为污染许可付出成本（Fullerton 和 Metcalf，1997），这时污染成为要素需求；第二，治理污染需要投入劳动力、资本等要素，也构成要素需求（Berman 和 Bui，2001）。亦有学者认为污染是一种产出，与产量、技术水平等有关（Sanz 和 Schwartz，2013）。无论污染是一种投入还是产出，污染排放均成为生产函数的一部分，而严格的环境政策使污染排放具有"价格"，进而影响企业边际成本。

严格的环境政策将加强环境治理，进而提高污染价格，这意味着企业面临更高的边际成本，利润最大化企业需要降低产量，该过程就是"遵循成本"效应。若技术得不到提升，企业可能会减少劳动力需求、减少投资，也将重新选址到环境政策宽松的地区。诸如 Gary（1987）、Jaffe 和 Stavins（1995）、Berman 和 Bui（2001）、Gary 等（2013）、Kahn 和 Mansur（2013）、Tsuyuhara（2015）就得到了"遵循成本"效应存在的结论，从不同侧面证明，严格的环境政策将劳动力、资本、企业等配置到环境政策相对宽松的地区。

Porter（1991）、Porter 和 Van der Linde（1995）认为，"遵循成本"效应的结论源于默认企业生产是一种静态行为，技术水平并未得到提升，基于此，作者从动态角度提出"波特假说"。其内容为，合理的环境政策会刺激企业治污技术创新，从而带动生产技术创新，技术水平提升所导致的生产率提升将从一定程度上弥补"遵循成本"效益对产出等的负向影响，产生"创新补偿"效应。这也是 Berman 和 Bui（2001）提到的，环境政策的产出效应可能为正，即"创新补偿"效应对生产要素配置带来的收益可能会超过"遵循成本"带来的损失。此时，环境政策执行严格的地区反而会吸引劳动力、资本以及企业，资源也将配置到此地。

上述机制主要涉及生产要素绝对值的变化，还有一个机制是生产要素间的替代关系。为降低污染，企业倾向于采用劳动力来代替资本等造成污染的生产要素，这时，劳动力需求相对上升，产生"要素转换"效应（Morgenstern 等，2002）。然而，也可能出现相反的结果，如果严格的环境政策导致企业生产过程中选择采用先进技术，生产过程中个别环节技术的提高，会产生"溢出效应"，直接影响其他环节技术提高，从而导致从事生产活动的劳动力数量减少。此时，劳动力被资本替代（Berman 和 Bui，2001）。

从上述三个微观传导机制传递到宏观层面的生产要素配置角度看，第一，若"遵循成本"效应发挥主要作用，则无论是劳动力、资本还是企业，均流向环境政策宽松的地区，产生"污染避难所效应"（PHE）。据此产生的相关研究分为两支：国际贸易流向（Copeland 和 Taylor，

1994；Arouri 等，2012；任力和黄崇杰，2015）和国际资本流向
（Manderson 和 Kneller，2012；Chung，2014；周浩和郑越，2015；Cai
等，2016）。第二，若"创新补偿"效应发挥主要作用，那么一个地区
严格的环境政策将刺激潜在的技术进步，进而提升一个地区的竞争力，
此地反而具有了吸引资源的优势，劳动力、资本和企业等资源将配置到
环境政策严格的地区，Costantini 和 Mazzanti（2012）证明了这种观点。
第三，除了上述生产要素的绝对值变化，严格的环境政策还使微观企业
生产要素结构的变化演变成宏观层面生产要素配置方向的差异。主要体
现为两方面：一方面，如果严格的环境政策刺激企业选择先进的生产技
术，由此导致的生产率提升将使资本替代劳动力，这使得资本将流向环
境政策严格的地区，而劳动力则流出这些地区。另一方面，严格的环境
政策也可能会使企业倾向于采用劳动力代替资本等易造成污染的要素，
这时劳动力将流入环境政策执行严格的地区，而资本将流出这些地区。

　　综上所述，基于宏观视角，"遵循成本"效应是"污染避难所效应"
的微观依据，严格的环境政策将使生产要素配置到政策宽松的地区。而
基于"创新补偿"效应的"波特假说"则将环境政策的影响动态化，认
为其利于生产要素配置到环境政策严格的地区。同时，不容忽视的是，
企业的生产要素结构是变化的，这就需要考虑到生产要素结构的调整机
制。基于这三种机制，本部分验证环境政策对生产要素配置的影响及其
机制。

第二节　自然实验法与双重差分法

一　双重差分模型设定

　　自 1989 年通过《中华人民共和国环境保护法》以来，全国人大及其
常委会已经制定了一系列法律法规来保护环境。可以断定的是，可选择
的政策冲击点非常多，但是具有标志性的政策有两个，即"两控区"政
策和约束性污染控制政策。前者是总量控制政策在区域层面的体现，后
者则体现在多种污染物排放量的严格控制。1998 年，中国根据气象、地

形、土壤等自然条件划分酸雨控制区和 SO_2 污染控制区，首次实现了差别化规制并进行属地管理（韩超等，2017），但是截至 2000 年，SO_2 减排效果不明显，这种结果可能与缺乏减排目标值的设定有关。2002 年，《两控区酸雨和二氧化硫污染防治"十五"计划》对各个省份分配了具体的 SO_2 减排量，但 2005 年"两控区" SO_2 排放量依然比 2000 年增加了 2.9%，究其原因，是尚未建立起对地方政府有效激励和约束机制（郑思齐等，2013）。2006 年，国家"十一五"规划首次将"主要污染物排放总量减少 10%"作为约束性目标分配给各级政府，且建立了目标责任制，"十一五"规划期间 SO_2 整体下降 12.54%。至此，总量控制政策得以完善。可见，"两控区"政策和"十一五"规划的约束性污染控制政策共同构成了总量控制政策。鉴于两者都具典型性且又无法单独代表总量控制政策，因而本研究将两者加以结合，基于自然实验法和双重差分法来考察环境政策对生产要素配置的影响。

双重差分法需要划分处理组和对照组。处理组为"两控区"政策涉及的城市，对照组为不在"两控区"范围内的城市。本书通过比较"十一五"规划前后，处理组和对照组从业人员数量、固定资产投资、新建工业企业数量变化来分析环境政策对生产要素配置的影响。考虑到一些无法量化的城市特征、年份特征的影响，借鉴 Cai 等（2016）的研究，具体模型设定如下：

$$Y_{it} = \alpha_i + \alpha_t + \gamma treat_i * post_t + \beta Z + \varepsilon_{it} \qquad (3.1)$$

主要考察的是系数 γ，即平均处理效应。Y_{it} 为 i 城市在 t 时期从业人员数量、固定资产投资、新建工业企业数量，三者都是对数形式；$treat_i = 1$ 代表实施"两控区"政策的城市，为处理组，如果未实施"两控区"政策，是对照组，那么 $treat_i = 0$，$post_t$ 为时间虚拟变量，约束性污染控制政策实施年份及之后年份为 1，约束性污染控制政策未涉及的年份为 0。α_i 为个体固定效应，控制城市层面不随时间变化的因素；α_t 是时间固定效应，控制时间趋势因素。Z 是控制变量，ε_{it} 为误差项。

需要强调的是环境政策对新建工业企业数量的影响，从理论上讲，一个城市新建工业企业数量可能存在大量零值，借鉴 Henderson 等（1995）以及 Condliffe 和 Morgan（2009）的模型，采用负二项回归（NB2）等方法对模型进行回归。假设新进入企业个数为 Y_{it} $[\prod(X_{it}, e_{it})]$。X_{it} 是影响利润函数 $\prod$ 的因素，e_{it} 是随机误差项，i 代表城市，t 表示时间。供求曲线决定新进入企业个数，简化方程为：

$$Y_{ijt} = f(X_{ijt}) + e_{ijt}$$

Y_{ijt} 是 t 时点 i 城市 j 行业新进入企业个数，X_{ijt} 代表影响企业选址的因素，e_{ijt} 是独立同分布的随机误差项。一个地区新建工业企业的数量是严格的整数，但可能有零值存在，Y_{ijt} 服从泊松分布：

$$prob(Y_{ijt}) = \lambda^{Y_{ijt}ijt} e^{-\lambda_{ijt}} / Y_{ijt}! , \lambda_{ijt} > 0, Y_{ijt} = 0, 1, 2, \cdots, n$$

λ_{ijt} 是泊松分布的参数，表示 t 期 i 城市 j 行业新建工业企业数目 Y_{ijt} 的期望值，可表示为以下形式：

$$\lambda_{ijt} = e^{X_{ijt}\beta + \alpha_{ij}}$$

两边取对数得：

$$\ln\lambda_{ijt} = X_{ijt}\beta + \alpha_{ij} \tag{3.2}$$

β 是待估参数，α_{ij} 代表未观测到的地区层面可能影响到选址决策的因素，该变量可以用地区固定效应表示。关于方法选择，考虑到要解决地区内部变量的问题，那么区域内条件泊松模型因其考虑到了不可观测的某变量对企业选址的影响而合适。因而，本章以泊松回归（Poisson）方法为基础，主要采用负二项回归方法对模型（3.2）进行回归。

另外，为深入考察环境政策的影响，本研究对其影响机制也进行了分析。环境政策通过"遵循成本"效应影响生产要素配置，因而需要分析其对生产成本的影响，环境政策还会通过"创新补偿"效应影响生产要素配置，因而需要分析其对创新的影响。此外，环境政策还通过影响生产要素的投入结构，进而对地区间生产要素配置产生影响，最为典型的是劳动力与资本之间的替代关系，所以，本部分也分析了环境政策对资本密集度的影响。为使逻辑更为严谨，我们还需要确保环境政策起到了治污作用，否则很难确保环境政策得以落地实施，后续的相关研究结果也将失去有效性，因而本部分还需要分析环境政策对环境治理水平的影响。

二　变量选择和数据来源

1. 被解释变量指标

本章研究主题为环境政策对生产要素配置的影响，因此研究对象主要有三个：劳动力、资本与企业选址。劳动力的代理变量是从业人员数量，资本可通过固定资产投资反映，而新建工业企业数量则可较为全面地反映生产要素配置，三者在计量回归时都取对数。另外，就影响机制而言，环境政策通过"遵循成本"效应、"创新补偿"效应以及生产要素结构的变化这三个方面来影响生产要素配置。劳动力成本、科技水平可分别反映"遵循成本"效应和"创新补偿"效应的相关指标，资本密集度即固定资产投资与从业人员数量之比变化一定程度上反映了生产要素配置的机制，同时也体现劳动力配置与资本配置后的要素比较优势变化。

环境治理水平也是本部分的被解释变量之一。单位产值排放量或污染物去除率均可度量环境治理指标。单位产值排放量可代表企业为减排做出的努力，赵霄伟（2014）采用了综合指标，选择用单位工业产值的废水排放量、单位工业产值的 SO_2 排放量和单位工业产值的烟尘排放量3个单项指标的加权平均数表示环境治理水平。污染物去除率也能直观体现企业受到的规制及环境治理水平，代表性的是工业废水排放达标率、工业 SO_2 去除率（张中元和赵国庆，2012）。在五年规划中，约束性或者预期性目标针对的污染物主要是 SO_2，为此，选择 SO_2 总排放量、单位工业产值的 SO_2 排放量、SO_2 去除率作为环境治理水平的度量指标。

2. 控制变量指标

无论是生产要素配置还是环境治理绩效，离不开一个城市的资源禀赋、基础设施、产业结构等。综合以往学者研究，选择以下几个指标反映上述因素：（1）工资（*wage*）。工资直接反映一个地区劳动力成本，是企业劳动力需求和供给的重要影响因素，所以企业选址、劳动力配置等都要考虑工资。同时，工资也反映了一个地区的劳动力禀赋。（2）资本禀赋（*capital*）。按照傅京燕和李丽莎（2010）的观点，要素禀赋分为两类：物质资本禀赋和人力资本禀赋。实际上，人力资本禀赋可以通过工资反映，一般人力资本会提高一个地区的工资水平。采用非工资份额占增加值的比值衡量资本禀赋。（3）土地成本（*land*）。土地是企业生产过程中必不可少的要素，采用工业用地价格可反映土地禀赋。（4）电力供应（*pow*）。电力供应是每个企业选址以及每个家庭所必须考虑的因素，采用人均用电量（千瓦时/人）代表一个地区电力供应。（5）基础设施建设（*road* 和 *tele*）。交通设施、信息通信设施是直接反映基础设施建设的两个指标。考虑到数据可得性，采用城市人均道路面积（平方米/人）（*road*）和人均移动电话数量代表（*tele*）。（6）科技水平（*st*）。一个企业生产产品的投入不仅包括劳动力、资本、土地，还包括技术。借鉴以往学者的观点以及数据可得性，运用人均科学技术和教育支出表示一个地区科技水平。

3. 数据处理

对不同数据库加以匹配来完成研究目标。从业人员数量、固定资产投资、工资、资本禀赋、土地价格等变量的数据来源于《中国城市统计年鉴》和中国地价监测网，新建工业企业数目由中国工业企业数据库提供。因中国工业企业数据库自 2008 年开始不仅缺失大量指标，且统计口径变化较大，为严谨起见，从中提取了中国 2003—2007 年新建规模以上企业的数目。对这三个数据库进行匹配后，最终选择中国 2003—2007 年 255 个城市样本进行验证。企业层面的样本处理过程如下。

在计量回归之前，参考 Brandt 等（2012）的做法，对中国工业企业数据库的原始数据进行一系列处理，主要处理步骤如下：（1）数据合并。依次使用法人代码、企业名称、法人代表姓名、"电话号码＋地区编码"、"开业年份＋地区编码＋主要产品名称＋行业代码"等多个指标对历年数据进行匹配整理，尽量保证同一家企业有统一识别码。（2）行业调整。国家统计局第二次行业分类修订标准自 2002 年 5 月开始发布实施，这意味着工业企业数据库中 2002 年之前和之后的行业代码存在不一致问题。为保证行业代码前后统一，文中使用 2002 年的《新国民行业分类》对 1998—2002 年四位数行业代码进行调整，以此建立对应关系。
（3）去除遗漏变量的样本，如删除了工业总产值、工业增加值、固定资产和中间投入等主要变量样本值为缺漏值、零值或负值的样本。

第三节　环境政策对生产要素配置的影响

一　环境政策对生产要素配置的影响结果

表 3.1 中第（1）—第（2）列是对公式（3.1）进行回归的结果，第（3）—第（5）列是对公式（3.2）进行回归的结果。从第（1）—第（3）列可见，约束性污染控制政策实施前后，比之非"两控区"城市，"两控区"城市的就业人数是增加的，固定资产投资和新建工业企业个数都是减少的。第（3）列是对新建工业企业数量的泊松回归，因为可能存在 0 值，下文在第（4）列展示了零断尾泊松回归结果。因泊松回归的应用条件是被解释变量的期望与标准差相等，新建工业企业个数不满足这一前提条件，所以采用了负二项回归方法。结果见第（5）列，其系数的大小和方向均与泊松回归结果一致。此外，还对控制变量的回归结果进行简单解释。在影响生产要素配置的诸多要素中，无论是古典、新古典经济理论还是新经济地理等现代经济理论，劳动力、资本、土地三种要素均占据关键位置。回归结果也印证了这一点，观察工资、资本禀赋、土地价格的系数可知，工资上涨会显著降低一个地区的劳动力需求［表 3.1 第（1）列显著为负的回归参数］、显著增加资本需求［表 3.1 第（2）列显著为正的回归参数］，符合理论预期。此外，资本禀赋高的地区吸引企业较多，地价高的地区不利于企业选址，这也符合理论预期。此外，诸如电力、基础设施、科技水平等逐渐引起现代经济理论注意的要素也成为生产要素配置发生变化的原因。然而，这些要素对生产要素配置的影响在统计数据上呈现出不稳定性，部分要素对生产要素配置的影响符号不确定，部分因素在 10% 显著水平无法通过检验。从控制变量的一系列回归结果中可以看到，劳动力、资本、土地等传统要素依然是影响企业成本的关键因素，因而也是生产要素配置的主要影

响因素。

表 3.1 的回归结果说明，环境政策减少了固定资产投资和新建工业企业个数，这使得资本和部分企业可能配置到未实施环境政策的地区。然而，从业人员数量的增加，意味着劳动力资源可能配置到实施环境政策的地区。为了保证这一结果的稳健性，下文将进行一系列稳健性检验。

表 3.1　　　　　　　　基准回归：环境政策与生产要素配置

被解释变量	(1) 从业人员数量	(2) 固定资产投资	(3) 新建工业企业个数	(4) 新建工业企业个数	(5) 新建工业企业个数
回归方法	固定效应模型	固定效应模型	泊松回归	零断尾泊松回归	负二项回归
$treat \times post$	0.0229 ** (2.518)	− 0.133 *** (− 7.124)	− 0.0889 * (− 1.784)	− 0.0960 * (− 1.837)	− 0.0889 * (− 1.784)
$wage$	− 0.00000479 ** (− 2.294)	0.00000930 ** (2.174)	− 3.23e − 7 (− 0.033)	− 4.06e − 7 (− 0.041)	− 3.23e − 7 (− 0.033)
$capital$	− 0.0386 (− 1.280)		0.536 *** (4.681)	0.646 *** (4.756)	0.536 *** (4.681)
$land$			− 0.0521 * (− 1.915)	− 0.0531 * (− 1.852)	− 0.0521 * (− 1.915)
pow	− 0.00000147 (− 0.333)	0.0000685 *** (7.551)	− 0.0000364 ** (− 2.552)	− 0.0000374 *** (− 2.656)	− 0.0000364 ** (− 2.552)
$road$	0.00000188 (0.708)	− 0.0000176 *** (− 3.237)	− 0.0000206 *** (− 2.582)	− 0.0000206 *** (− 2.540)	− 0.0000206 *** (− 2.582)
$tele$	− 0.00274 (− 0.322)	0.0299 * (1.719)	0.0123 (0.309)	0.0129 (0.329)	0.0123 (0.309)
st	0.0000499 ** (2.342)	− 0.000299 *** (− 6.846)	0.0000515 (0.520)	0.0000505 (0.505)	0.0000515 (0.520)
城市	控制	控制	控制	控制	控制
时间	控制	控制	控制	控制	控制
样本量	1163	1167	1145	1145	1145
R^2	0.175	0.876			
F	17.26	635.4			

注：*、**、*** 分别表示在 10%、5% 和 1% 的水平上显著；（　）为 t 统计量，下表同。

双重差分法的运用具有一系列严格的前提条件：分组随机、政策随机、对照组不受政策影响、样本同质性、政策实施的唯一性，可总结为随机性和同质性两项要求（陈林和伍海军，2015）。本章首先对随机性进行检验，这一条意味着环境政策的实施必须与随机误差项无关。随机性检验包括四点，分组随机、政策干预时间随机、对照组不受政策影响以及样本期政策实施的唯一性。考虑到政策干预时间随机性检验与平行趋势检验的效果有一定重合，故不再重复进行政策干预时间的随机性检验。

第一，对于分组随机，与部分研究一样，选择工具变量，采用两阶段最小二乘法（2SLS）解决这一内生性问题（史贝贝等，2017）。工具变量的选择是一个难题，要求其与是否成为"两控区"高度相关，而与误差项无关。因风速越高的地区，污染物扩散也较快，相对而言，被列为"两控区"的可能性也较低。与多数研究一样，此处选择通风系数为工具变量（Cai 等，2016；史贝贝等，2017）。通风系数的构建参照陈诗一和陈登科（2018）的方法，即 $IV_{it} = ws_{it} * blh_{it}$。其中 IV_{it}、ws_{it}、blh_{it} 分别代表通风系数、风速和大气边界层高度，IV 值越大表示空气流动性越强。城市年均风速和边界层高度均来自欧洲中期天气预报中心（ECM-WF）发布的 2003—2007 年的栅格气象数据，采用 ArcGIS 软件将栅格数据解析为各城市数据。表 3.2 是对分组随机性检验的结果，第一阶段的回归可以发现，通风系数对是否成为受环境政策影响的样本具有负向影响，也就是说，通风越好的地区，污染物扩散越快，成为"两控区"的可能性越低，且第一阶段的 F 检验现实不存在弱工具变量问题。第二阶段的回归结果显示，环境政策对固定资产投资和新建工业企业个数有十分显著的抑制作用，对就业有促进作用，与基准回归结果的影响方向完全一致。

表3.2　　　　　　　　　　**分组随机性检验结果：工具变量检验**

	（1）	（2）	（3）
被解释变量	从业人员数量	固定资产投资	新建工业企业个数
回归方法	2SLS	2SLS	2SLS
第二阶段回归结果			
treat × post	0.431 *** (2.898)	-6.752 *** (-11.126)	-1.130 * (-2.206)
控制变量	控制	控制	控制
城市	控制	控制	控制
时间	控制	控制	控制
样本量	1015	1019	999
R^2	0.513	0.731	
F	18.40	359.1	
第一阶段回归结果			
IV	-0.129 ** (-2.084)	-0.122 ** (-2.094)	-0.107 ** (-2.131)
控制变量	控制	控制	控制
城市	控制	控制	控制
时间	控制	控制	控制
Cragg-Donald Wald F statistic	10.50	11.855	14.169

第二，对于对照组不受政策影响。"两控区"试点选择的标准是城市的酸雨量、SO_2排放量以及浓度，对这些城市 SO_2 排放量及浓度的约束会影响到投资、就业和企业选址等，因而未被定为试点的城市缺乏主动减排的动力。这意味着对照组的城市不存在政策干预的情况。即使如此，本章依然要考察对照组受政策影响的情况，采用随机抽取"假想"处理组的方式加以判断。从样本中随机抽取133个城市作为处理组，剩余城市为对照组，重新分组后，对公式（3.1）和公式（3.2）进行回归，结果如表3.3所示，交叉项 *treat × post* 的系数在10%的水平上无法拒绝系数等于0这一原假设，说明环境政策对"假想"的对照组未产生显著影响，即政策没有冲击到对照组。

表3.3　　　　　　对照组不受政策影响的检验：随机抽取处理组

	(1)	(2)	(3)
被解释变量	从业人员数量	固定资产投资	新建工业企业个数
回归方法	固定效应模型	固定效应模型	负二项回归
treat × post	−0.00294 (−0.521)	0.0123 (1.044)	−0.0174 (−0.530)
控制变量	控制	控制	控制
城市	控制	控制	控制
年份	控制	控制	控制
样本量	1163	1167	1145
R^2	0.169	0.868	
F	16.60	596.0	

第三，对于政策实施的唯一性检验。政策随机性检验结果显示系数具有显著性，其中也暗含一种解释是，计量回归结果中除了环境政策外，其他政策也可能造成一定冲击。于是文中将样本期间其他相关环境政策的影响加以控制。在对城市层面的环境政策加以梳理的过程中，发现一个较为重要的政策，国务院于2002年底正式批准了《大气污染防治重点城市划定方案》，确定113个大气污染防治重点城市名单，该政策可能干扰到对本章环境政策的考察结果。可将实施"两控区"政策和划为大气污染防治的重点城市同时作为处理组，进行计量回归后，如果平均处理效应变小或者不显著，说明总量控制政策的影响是重要的。回归结果如表3.4所示，总量控制政策和大气污染防治重点城市政策的综合平均处理效应在从业人员数量和企业选址方面是不显著的，对固定资产投资的影响变小。另一种检验方法可选择控制虚拟变量的方式见表3.5。将大气污染重点城市划定政策作为虚拟变量加入控制变量行列进行回归，结果显示，环境政策对生产要素配置的影响符号与基准回归一致。这充分说明，在样本考察期内，总量控制政策是样本期内重要的环境政策，意味着基准回归结果是显著的。

表3.4　　　　政策实施的唯一性检验1：控制期间其他政策影响

	（1）	（2）	（3）
被解释变量	从业人员	固定资产投资	新建工业企业个数
回归方法	固定效应模型	固定效应模型	负二项回归
$treat \times post$	0.0132 （1.395）	−0.120 *** （−6.209）	−0.0165 （−1.468）
控制变量	控制	控制	控制
城市	控制	控制	控制
年份	控制	控制	控制
样本量	1163	1167	1145
R^2	0.171	0.874	
F	16.78	624.5	

表3.5　　　　政策实施的唯一性检验2：控制期间其他政策影响

	（1）	（2）	（3）
被解释变量	从业人员	固定资产投资	新建工业企业个数
回归方法	固定效应模型	固定效应模型	负二项回归
$treat \times post$	0.0232 ** （2.547）	−0.129 *** （−6.929）	−0.0859 * （−1.723）
控制变量	控制	控制	控制
大气污染防治政策	控制	控制	控制
城市	控制	控制	控制
年份	控制	控制	控制
样本量	1163	1167	1145
R^2	0.175	0.875	
F	15.85	631.6	

　　除了随机性检验外，本章还对样本同质性这一假设条件加以验证。该项要求指的是，假如不实施总量控制政策，处理组和对照组的从业人员数量、固定资产投资、新建工业企业数量等都有相同的趋势。事实上，环境政策不实施这一现象极难观测，我们不妨换几种思路。一来，可采用倾向得分匹配方法以污染物排放、技术水平等条件筛选出特征类似的

处理组和对照组，然后看类似的样本在政策实施前后的变化。采用邻居匹配方法，以 0.05 距离内 1：4 最近邻居匹配方法筛选样本后，采用双重差分方法对公式（3.1）进行回归。结果如表 3.6 所示，平均处理效应与基准回归结果的方向是一致的，说明环境政策增加了一个地区就业，减少了投资和新企业进入。即劳动力配置到实施这一政策的地区，资本和企业配置到未实施这一政策的地区。

此外，还可观测处理组和对照组的平行趋势，以确定两组被解释变量之间的差异是否因政策实施而变化。与大多数学者的研究方法一样，本章对样本进行平行趋势检验，即引入分组虚拟变量和各年虚拟变量的乘积作为主要解释变量对生产要素配置的各个指标进行回归，具体见表3.7。因多重共线性问题，2003 年未引入交叉项，结果发现，环境政策对就业和投资的影响方向与基准回归结果一致，更重要的是，自 2005 年开始，环境政策使越来越多的劳动力配置到政策实施严格的地区，越来越多的资本配置到政策实施相对宽松的地区。与劳动力和资本配置的结果稍显不同，严格的环境政策对新企业选址的负向影响自 2006 年开始显著，且影响也在变大，意味着新企业也逐渐向环境政策相对宽松的地区转移。总之，平行趋势检验是通过的。

表 3.6　　　　　　　样本同质性检验结果：采用 PSM – DID 方法

	（1）	（2）	（3）
被解释变量	从业人员	固定资产投资	新建工业企业个数
回归方法	固定效应模型	固定效应模型	负二项回归
$treat \times post$	0.0237** (2.415)	− 0.116*** （− 6.095）	− 0.101* （− 1.913）
控制变量	控制	控制	控制
城市	控制	控制	控制
年份	控制	控制	控制
样本量	1026	1026	1010
R^2	0.181	0.883	
F	15.46	645.0	

表3.7　　　　　　　　　　样本同质性检验结果：平行趋势检验

被解释变量	(1)	(2)	(3)
	从业人员	固定资产投资	新建工业企业个数
回归方法	固定效应模型	固定效应模型	负二项回归
$treat \times post2004$	0.0243 (1.518)	−0.00693 (−0.338)	−0.00737 (−0.224)
$treat \times post2005$	0.0321** (2.266)	−0.0574** (−2.113)	−0.0593 (−1.499)
$treat \times post2006$	0.0365*** (3.201)	−0.117*** (−3.551)	−0.0618* (−1.754)
$treat \times post2007$	0.0411** (2.125)	−0.152*** (−3.751)	−0.0763* (−2.237)
控制变量	控制	控制	控制
城市	控制	控制	控制
年份	控制	控制	控制
样本量	1145	1167	1145
R^2	0.194	0.878	
F	6.057	190.8	

　　以上回归结果说明，环境政策增加了处理组劳动力数量，降低了投资和新企业个数，这一结果通过了稳健检验。可见，该政策对不同生产要素流动起不同作用，使劳动力生产要素配置到总量政策实施严格的地区，将资本和企业配置到环境政策相对宽松的地区。以此为基础，下文需要解决的一个问题是：环境政策对生产要素配置的影响机制是什么？

二　环境政策对生产要素配置的影响机制

　　理论机制部分认为，环境政策对生产要素配置影响机制的一个重要节点是提高环境治理水平。如前所述，随着环境治理水平提升，企业的减排和治污成本也在增加，这将提高企业生产成本，从而导致利润最大化使企业降低产量，降低生产规模。这一行为无疑会减少就业和投资，而且可能抑制新企业选址，这就是传统意义上的"遵循成本"效应。

"创新补偿"效应则不同，环境治理水平的提升会激励企业进行生产过程创新以及工艺等的创新，这可能弥补"遵循成本"效应所造成的负面影响，从而增加就业、投资和企业选址。环境治理水平的提升还会有第三条传导路径，即引发生产要素结构性调整。可能会采用清洁生产要素代替排污高的生产要素，同时，治污技术所带动的其他技术创新可能引发资本对劳动力的替代，对生产要素配置的影响呈现不确定性。

在研究环境政策对生产要素配置的三个影响机制之前，需要确认该政策是否提升了环境治理水平，以确保该政策在事实上显现效果。表 3.8 的第（1）—第（3）列展示了环境政策是否会提升环境治理水平。从中可见，无论采用 SO_2 排放量还是单位工业产值的 SO_2 排放量作为环境治理水平的代理变量，环境政策的影响均为负数，意即环境政策降低了 SO_2 排放量，也降低了单位工业产值的 SO_2 排放量。若采用 SO_2 去除率表征环境治理水平，环境政策对其影响显著为正。总的来看，环境政策提高环境治理水平的机制是有效的，在此基础上，关于环境政策对生产要素配置的三个影响机制一一验证。

第一，"遵循成本"效应的检验。在数据可得条件下，尽量多的选择可以衡量生产成本的变量来验证"遵循成本"效应，具体如表 3.9 的第（1）—第（4）列所示。无论是平均工资还是总工资，环境政策和环境治理水平都对其有十分显著的正向影响，这一影响在 1% 的显著性水平上是成立的。环境政策通过提高环境治理水平，从而提高了生产成本，说明"遵循成本"效应是存在的。第二，关于"创新补偿"效应的检验。选择科教支出作为创新的代理变量，观察表 3.9 第（5）和第（6）列的回归结果可知，环境政策和环境治理水平均对科教支出具有十分显著的正向影响，说明环境政策通过提高环境治理水平刺激了创新，进而意味着"创新补偿"效应是存在的。第三，关于生产要素结构的变化。以上分析的逻辑链条中暗含了一个假设：生产要素的结构是固定的。事实是，环境政策可能通过提高环境治理水平从而影响到生产要素结构变化，且这一机制在理论部分也已经进行了详细说明。表 3.10 为回归结果，从中可看到，环境政策和环境治理水平明显降低了资本密集度，也就是说劳动力替代了一部分资本，这一作用主要体现为"要素转换"效应。

上述回归结果未考虑到一个问题，即环境政策的直接和间接影响。总量控制政策通过环境治理水平从而产生"遵循成本"效应、"创新补偿"效应，并引起生产要素结构的变化。而环境政策本身也会直接产生这些效应。为确定三个机制是成立的，下文不仅计算了加入 SO_2 去除率（rso_2）作为解释变量的回归结果，还将之剔除加以回归，如表3.9和表3.10所示。比较两种回归结果可见，与加入 rso_2 作为解释变量的回归结果相比，仅以总量控制政策作为解释变量的三种机制的回归系数绝对值较大，说明环境政策直接和间接导致"遵循成本"效应、"创新补偿"效应，并使生产要素结构发生变化。

机制分析可见，环境政策提高了环境治理水平，主要通过"创新补偿"效应和生产要素结构变化中的"要素转换"效应，增加了劳动力需求，使得劳动力配置到政策严格的地区；主要发挥"遵循成本"效应和"要素转换"效应使资本从环境政策较为严格的地区流出；劳动力配置与资本配置的结果是，环境政策主要通过"遵循成本"效应和"要素转换"效应减少了企业数量，使得企业转移到环境政策相对宽松的地区。

表3.8　　　　　　　　机制分析：环境治理水平的变化

	（1）	（2）	（3）
被解释变量	二氧化硫排放量	单位工业产值的二氧化硫排放量	二氧化硫去除率
回归方法	固定效应模型	固定效应模型	固定效应模型
treat × post	−0.110 ** （−2.571）	−0.00253 ** （−2.410）	0.0458 *** （2.870）
控制变量	控制	控制	控制
城市	控制	控制	控制
时间	控制	控制	控制
样本量	1144	1143	1153
R^2	0.176	0.078	0.310
F	17.05	6.775	36.30

表 3.9　　　　　机制分析："遵循成本"效应和"创新补偿"效应

	（1）	（2）	（3）	（4）	（5）	（6）
被解释变量	平均工资	平均工资	总工资	总工资	科教支出	科教支出
回归方法	固定效应模型	固定效应模型	固定效应模型	固定效应模型	固定效应模型	固定效应模型
$treat \times post$	0.0762 *** (3.561)	0.0979 *** (4.688)	0.314 *** (4.434)	0.358 *** (5.206)	0.491 *** (20.129)	0.532 *** (22.548)
rso_2	0.125 *** (4.034)		0.229 ** (2.227)		0.418 *** (5.763)	
控制变量	控制	控制	控制	控制	控制	控制
城市	控制	控制	控制	控制	控制	控制
时间	控制	控制	控制	控制	控制	控制
样本量	1156	1169	1156	1169	1156	1169
R^2	0.579	0.577	0.356	0.363	0.507	0.485
F	104.4	112.3	41.94	46.95	184.6	214.3

表 3.10　　　　　机制分析：生产要素结构变化

	（1）	（2）
被解释变量	资本密集度	资本密集度
回归方法	固定效应模型	固定效应模型
$treat \times post$	− 0.118 *** （− 6.285）	− 0.127 *** （− 7.085）
rso_2	− 0.164 *** （− 4.079）	
控制变量	控制	控制
城市	控制	控制
时间	控制	控制
样本量	1154	1163
R^2	0.877	0.877
F	632.7	582.4

本章以总量控制政策为代表，研究环境政策对劳动力、资本等生产要素配置的影响，试图通过明确环境政策对生产要素配置的影响进而明晰"块状治理"带来的"污染避难所"问题，最终指出构建多元参与的环境治理体系要解决的核心问题。通过整理和匹配《中国城市统计年鉴》、中国工业企业数据库、中国地价监测网得到了2003—2007年255个城市的从业人员数量、固定资产投资、新建工业企业个数等指标。采用基于双重差分法，结合"两控区"政策和约束性污染控制政策，研究环境政策对生产要素配置的影响。结果发现：环境政策对就业具有十分显著的正向影响，对资本和新企业选址具有十分显著的负向影响，为确保回归结果的稳健性，进行了分组随机、对照组不受政策影响、政策实施的唯一性和样本同质性四项检验，结果表明，环境政策对三者的影响十分稳健。

上述结果说明，环境政策使劳动力配置到政策实施较为严格的地区，而资本与企业配置到政策实施相对宽松的地区，"污染避难所"问题是存在的。为探究上述回归结果的内在机理，本章还进行了相关的机制检验。结果显示，环境政策直接提升了环境治理水平，在此基础上，主要发挥"创新补偿"效应使劳动力配置到政策实施严格的地区，通过"要素转换"效应促进了劳动力对资本的替代，间接使劳动力配置到政策实施严格的地区。同理，环境政策发挥"遵循成本"效应和"要素转换"效应的作用，直接和间接减少了资本流入和新企业进入，使这两项生产要素配置到环境政策实施相对宽松的地区。总之，在"块状治理"模式下，环境政策会使得劳动力流入政策实施严格的地区，资本和企业流至政策实施宽松的地区，导致这些地区成为"污染避难所效应"，其影响机制是"遵循成本"效应和"要素转换"效应。然而，本章仅选择了一个代表性政策验证了"污染避难所"问题的存在性，一系列严格的环境政策叠加以后，"污染避难所"问题是否依然存在，是需要进一步验证的，故第四章着重分析这个问题。

第四章 环境治理的跨区域影响

各类环境政策直接反映在环境治理门槛日益加高上，"块状治理"模式下严格的环境政策通过资源配置带来的"污染避难所效应"也愈发明显。第三章讲述资源配置的视角实质上是部分要素的重新配置，本章则比较全面，是整个企业选址视角，这样的结果更能反映出所有生产要素的重新配置和产业结构的变化。本章通过研究环境治理与资源配置的关系来反映"块状治理"模式下，一系列环境政策叠加是否依然引发"污染避难所效应"。

关于环境治理与企业选址研究的理论依据"污染避难所效应"，即一国严格的环境政策会减少企业选址，这些企业会转移至环境政策宽松的地区。在国外的相关研究中，Becker 和 Henderson（2000）认为环境治理水平的提升会减少新建污染企业的个数，List 等（2003）的实证研究结果也发现了类似结论。然而有学者提出对"污染避难所效应"的质疑，认为环境治理只是影响企业选址的众多因素之一，实证结果也无法证明外资进入与环境治理水平之间的因果关系（Eskeland 和 Harrison，2003）。近年来，中国关于环境治理与企业选址关系的研究渐多。周浩和郑越（2015）发现环境治理对企业选址的约束作用在全国范围内有效。吴磊等（2010）的实证研究得到相反结论，认为加强环境治理会吸引企业选址。张彩云等（2018）还指出两者间呈非线性关系。本章从梳理和比较"污染避难所效应"和"要素禀赋假说"出发①，试图从理论

---

① "污染避难所假说"指的是贸易壁垒下降将促进污染工业从环境治理严格的国家向环境治理较弱的国家转移；"污染避难所效应"指的是提高环境治理水平会影响到工厂选址和国际贸易流向。按照这一区分，本研究讨论的主题应归为"污染避难所效应"。

上将环境作为生产要素之一，以环境治理为代理指标将之与要素禀赋一起纳入资源配置的研究框架，最终完成本章的研究主题。

在相关理论基础上，需要对环境治理、要素禀赋与资源配置间的关系进行实证验证。关于"污染避难所效应"的实证研究认为，严格的环境治理增加了企业进入市场的成本，可能会降低一个地区的出口比较优势，也可能会减少一个地区污染企业的数量或投资。从环境因素的这两点影响中不难得出，严格的环境治理要求可能使污染企业集中到环境治理水平低的地区，河流边界污染问题便是这一现象的典型案例（Kahn等，2015；Lipscomb 和 Mobarak，2016）。当然，也有学者持不同观点，认为企业选址与要素禀赋有关，而非环境因素。其理论依据为"要素禀赋假说"，该理论认为污染产品生产的比较优势与要素禀赋有关，资本密集型产品往往产生较为严重的污染，部分学者证明了这种观点（Costantini 和 Crepi，2008；傅京燕和李丽莎，2010）。从实证层面来看，环境治理及其引发的要素禀赋结构变化是否会影响企业选址？这个问题的答案不仅是对"污染避难所效应"和"要素禀赋假说"的检验，还能阐明"块状治理"模式下，环境治理是否以资源重新配置的方式引发污染转移，使得环境政策宽松的地区成为"污染避难所"。

第一节　"污染避难所效应"和"要素禀赋假说"

以企业选址为例，古典区位理论源于冯·杜能的农业区位理论和韦伯的工业区位理论。冯·杜能在《孤立国同农业和国民经济的关系》中，运用抽象演绎方法，提出农业生产的合理布局取决于地租，而地租大小由生产成本、农产品价格和运费共同决定，在前两项既定的情况下，农业生产空间的分布由运费决定。韦伯构建工业区位理论分析框架，认为区位因素是经济活动发生在一个地点的优势，这种优势主要指成本节约。古典区位理论为企业选址研究提供了方向，即企业选址取决于边际成本。以此为基础，学术界展开了一系列理论和实证研究。

1. 比较优势框架下的"污染避难所效应"与"要素禀赋假说"

以往理论研究大多以环境治理为代理变量，将环境因素纳入经济分析中。依据"污染避难所效应"（PHE），严格的环境治理使发达国家或地区通过贸易和投资的方式将污染行业转移到发展中国家和地区。部分学者通过实证研究发现"污染避难所"是存在的（List 等，2003；Mani 和 Wheeler，1997；Chen 等，2018），这意味着环境治理会减少新建污染企业个数。当然，也有学者依据"要素禀赋假说"得到不同结论，认为企业选址与一个地区要素禀赋有关，资本密集型产品往往也是污染产品，因此，发达国家或地区在生产污染产品方面有比较优势（Antweiler 等，2001；Cole 和 Elliott，2003）。综合来看，环境治理、交通、市场潜能、要素价格、FDI 外溢、集聚经济、需求等都是影响企业选址的重要因素（周浩等，2015；林善浪等，2017；刘胜等，2019）。

"污染避难所效应"和"要素禀赋假说"都以古典区位理论为基础，且均在"比较优势理论"框架之内。如果将环境看作是一种生产要素，那么"污染避难所效应"将成为"要素禀赋假说"的一种具象或特例。部分学者认为污染物排放是企业的一种要素需求（Fullerton 和 Metcalf，1997；Berman 和 Bui，2001）。理由如下：第一，治理污染需要投入劳动力、资本等，这些投入构成要素需求（Berman 和 Bui，2001）；第二，污染是由产品生产造成，也是一种产出（Sanz 和 Schwartz，2013），企业在造成污染的同时能够从产品中获得收益，那么企业就愿意为污染许可付出成本（Fullerton 和 Metcalf，1997）。由这两个机制可看出环境治理使环境因素具有了"价格"，进而影响企业边际成本。因此，可以得到结论：随着治污成本的上升，企业尤其是污染企业将倾向于选址到环境治理宽松的地区，这就是环境治理对企业选址的影响，也是"污染避难所效应"与"要素禀赋假说"的共性。

2. 数理模型分析

为更直观地论述环境治理对企业选址的影响，本部分建立了数理模型进行分析。在 Dixit（1984）研究的基础上，有学者构建了环境治理影响国际贸易的模型（Lai 和 Hu，2007）。该模型涉及两个国家、两个企业，其进出口产品受当地环境治理影响。为了能够找到简单的企业选址规律，本章在以往研究的基础上又做了一些改动，增加不影响基本结论的假设条件，并简化推导步骤。首先，研究对象变为两个地区，将企业出口变为企业选址。假设条件如下：（1）两个市场，地区 1（用下标 1表示）和地区 2（用下标 2 表示），假设两个市场是分割的，该假设与现实条件比较相符，因为不同地区由于距离、政策等原因，一定程度上可形成分割的市场。（2）两个地区生产同一种产品。（3）所有企业生产同一种产品。

q_1 表示地区 1 所有本土企业的产量，q_1^* 表示来源于地区 1 但投资于地区 2 的所有企业的产量，q_2 表示地区 2 所有本土企业的产量，q_2^* 表示来源于地区 2 但投资于地区 1 的所有企业的产量，q_1^* 和 q_2^* 共同反映产业转移。t_1 代表地区 1 每单位产品的治污成本，t_2 代表地区 2 每单位产品的治污成本，两者的差异就是环境治理水平的差异。如果一个地区产品价格与产量有关，价格可以表示为：

$$p_1 = \alpha - q_1 - \gamma q_2^* \tag{4.1}$$

$$p_2 = \alpha - q_2 - \gamma q_1^* \tag{4.2}$$

其中，$q_1 = \sum_{i=1}^{n} q_1^i$，$q_1^* = \sum_{i=1}^{n} q_1^{*i}$，$q_2 = \sum_{i=1}^{n} q_2^i$，$q_2^* = \sum_{i=1}^{n} q_2^{*i}$，$i$ 代表第 i 个企业。那么，企业 i 的利润函数为：

$$\pi_1^i = (p_1 - t_1)q_1^i + (p_2 - t_2)q_1^{*i} \tag{4.3}$$

$$\pi_2^i = (p_2 - t_2)q_2^i + (p_1 - t_1)q_2^{*i} \tag{4.4}$$

根据利润最大化的一阶拉格朗日条件：

$$\frac{\partial \pi_1^i}{\partial q_1^i} = 0 , \frac{\partial \pi_1^i}{\partial q_1^{*i}} = 0 , \frac{\partial \pi_2^i}{\partial q_2^i} = 0 , \frac{\partial \pi_2^i}{\partial q_2^{*i}} = 0 \tag{4.5}$$

由公式（4.1）至公式（4.5）可以推导出：地区 1 本土企业的总产量 $q_1 = \dfrac{n(\alpha - t_1)}{(2n + 1)}$；来源于地区 1 但投资于地区 2 的企业总产量 $q_1^* = \dfrac{n(\alpha - t_2)}{\gamma(2n + 1)}$；地区 2 本土企业的总产量 $q_2 = \dfrac{n(\alpha - t_2)}{(2n + 1)}$；来源于地区 2 但

投资在地区 1 的企业总产量 $q_2^* = \dfrac{n(\alpha - t_1)}{\gamma(2n + 1)}$。如果考察环境治理对企业选址的影响符号，需要考虑企业总产量受当地环境治理水平的影响。由 $\dfrac{\partial q_1^*}{\partial t_2} = \dfrac{-n}{\gamma(2n + 1)}$ 和 $\dfrac{\partial q_2^*}{\partial t_1} = \dfrac{-n}{\gamma(2n + 1)}$ 可知，一个地区企业总产量与该地区的环境治理水平负相关。

进一步，我们建立假设，企业个数与环境治理水平（t_1，t_2）有关。在不影响结论的条件下，我们还增加一个假设条件，每个企业只生产一单位产品。那么，一个地区的产量等同于企业个数。这时结论变为：地区 1 本土企业个数 $q_1 = \dfrac{\alpha - t_1}{3}$；来源于地区 1 但选址在地区 2 的企业个数 $q^{*1} = \dfrac{\alpha - t_2}{3\gamma}$；地区 2 本土企业个数 $q_2 = \dfrac{\alpha - t_2}{3}$；来源于地区 2 但选址在地区 1 的企业个数 $q^{*2} = \dfrac{\alpha - t_1}{3\gamma}$。从中可见，随着 t_1 或 t_2 的上升，新进入企业数量将下降。

最后，在考察企业选址的基础上，为验证"污染避难所效应"和"要素禀赋假说"，我们将 t_1 和 t_2 所包含的内容进一步增加，不仅包含环境治理，还包含资本、劳动、土地等要素的成本。我们将这些成本表示为 t^{i1} 和 t^{i2}，结论为：地区 1 本土企业个数 $q_1 = \dfrac{\alpha - \sum\limits_{i=1}^{m} t^{i1}}{3}$；来源于地区 1 但选址在地区 2 的企业个数 $q^{*1} = \dfrac{\alpha - \sum\limits_{i=1}^{m} t^{i2}}{3\gamma}$；地区 2 本土企业个数 $q_2 = \dfrac{\alpha - \sum\limits_{i=1}^{m} t^{i2}}{3}$；来源于地区 2 但选址在地区 1 的企业个数 $q^{*2} = \dfrac{\alpha - \sum\limits_{i=1}^{m} t^{i1}}{3\gamma}$。从中可见，无论哪种生产要素成本上升，新进入企业数量都将下降。至此，提出假说 4.1：

作为一种生产要素，环境治理通过企业生产活动影响企业选址，这

使得"污染避难所效应"和"要素禀赋假说"同时进入比较优势理论框架。

第二节　环境治理对企业选址的影响验证

一　变量选择

1. 环境治理水平

环境治理水平指标分为污染治理投入、污染物排放、综合评价、自然实验法和替代指标等。第一，部分学者采用污染物去除率代表环境治理，极具代表性的指标是工业废水排放达标率和工业 SO_2 去除率。也有学者认为单一减排指标可能无法全面反映环境治理强度，因而建议采用综合指标加以衡量，即选择废水排放达标率、SO_2 去除率、烟尘去除率、粉尘去除率和固体废物综合利用率 5 个单项指标的加权平均数来衡量环境治理（傅京燕和李丽莎，2010）。考虑到城市层面废水排放达标量、工业粉尘去除率等数据严重缺失，以各城市单位工业产值的污染物排放量与全国均值之比作为权数，选择 SO_2 去除率、工业烟尘去除率为环境治理指标进行加权平均，以此衡量环境治理水平。具体步骤如下：

首先，通过数学变换对各单项指标作标准化处理，将其取值范围设为 0 - 1。

$$UE_{ij}^s = [UE^{ij} - Min(UE_j)]/[Max(UE^{ij}) - Min(UE_j)] \quad (4.6)$$

其中，UE^{ij} 为指标的原始值，$Min(UE_j)$ 和 $Max(UE^{ij})$ 分别代表污染物 j（$j = 1, 2, \cdots, n$）指标在所有城市（$i = 1, 2, \cdots, m$）所有年份的最大值和最小值，UE_{ij}^s 为 j 指标的标准化值，在公式（4.6）中代表二氧化硫去除率和工业烟尘去除率。

其次，计算各污染物权数，这一权数是单位工业产值的污染排放与全国所有城市均值之比，具体计算方式如下：

$$W_j = (E_j/\sum E_j)/(O_i/\sum O_i) = (E_j/O_i)/(\sum E_j/\sum O_i) = UE_{ij}/\overline{UE_j}$$

$$(4.7)$$

其中，公式（4.7）的分子为某个城市某年单位工业产值的污染物排放量，分母为同年全国单位工业产值的污染物排放量。地级市层面污染物去除率的加权平均值如下：

$$ers_i = \sum_{j=1}^{2} W_j \cdot UE_{ij}^s / 2 \tag{4.8}$$

第二，关于污染治理投入，部分学者采用单位工业产值的污染治理支付成本代表。污染治理支付成本为污染治理投资额、设备运行当年费用以及排污费三者之和（董敏杰等，2011），因数据所限，可采用各省环境污染治理投资总额、污染治理设施运行费用以及排污费总额之和反映污染治理支付成本（张彩云和郭艳青，2015）。

考虑到地级市层面缺乏衡量污染治理支付成本的数据，且环境治理水平与总产值有关，加之采用地级市层面的环境治理指标可能存在内生性问题，本章采用省级层面单位工业总产值的污染治理支付成本来衡量环境治理水平。为保证回归结果的稳健性，本章也借鉴大部分学者采用的环境治理水平指标，以地级市层面污染物去除率来进行稳健性检验。

2. 要素禀赋变量

从"要素禀赋假说"来看，丰裕的资源禀赋是企业选址的重要原因。表征资源丰裕程度的指标分为两种：要素的量以及要素价格。鉴于"要素禀赋假说"中的"要素禀赋"主要体现为量这一层面，因此本章采用要素的量表示要素禀赋。综合以往学者的研究，将其分解为以下几个指标：（1）劳动力禀赋（labor）。就业人数可代表劳动力禀赋，与之不同的是，劳动力数量与总产值的比值也可代表劳动力禀赋。综合考虑要素禀赋的含义以及数据可得性，采用一个城市从业人员数量代表劳动力禀赋，单位产值的从业人员数量（olabor）作为稳健性检验的指标。（2）资本禀赋（ce）。广义来讲，资本禀赋分为物质资本禀赋和人力资本禀赋。人力资本禀赋已经在劳动力禀赋中涉及，因而此处的资本禀赋指的是物质资本禀赋。借鉴傅京燕和李丽莎（2010）的表示方法，采用非工资份额占增加值的比例来衡量资本禀赋。（3）土地禀赋（land）。

土地是企业生产过程中必不可少的要素，因而土地禀赋是检验"要素禀赋假说"的重要变量。2003 年之后，土地供给逐渐收紧，在此过程中，地方政府通过出让土地特别是工业用地来招商引资，进而发展辖区经济，这会影响到企业选址。张莉等（2017）用工业用地与商住用地占供地总量比例来研究土地供给结构对房价的影响，借鉴该文中关于土地指标的选择方式，且考虑到数据可得性，本章采用工业用地协议出让土地面积来代表土地资源禀赋。

3. 控制变量

控制变量包括：（1）市场需求（*den*）。城市发展环境是企业选址要考虑的重要因素，而本地市场需求是城市发展环境的内容之一，借鉴周浩等（2015）所采用的指标，运用人口密度刻画本地市场需求。（2）经济发展水平（*pgdp*）。一个地区的经济发展水平是企业选址应考虑的宏观因素（Condliffe 和 Morgan，2009），本章采用人均 GDP 表示。（3）基础设施建设（*road*）。良好的基础设施建设是吸引企业选址的重要条件，对此，学界较多采用交通设施和信息通信设施衡量该指标。比如，陆铭等（2015）选取人均铺装道路面积指标来表征基础设施建设。考虑到数据可得性，该指标采用城市人均铺装道路面积来表示。

二　污染企业和清洁企业划分

当下，污染企业的认定和污染行业的分类大致相似，主要分为四种方法：第一种方法是依据行业污染密集度来划分污染行业，即首先估计单位产出的污染排放量，随后按照数值大小对行业进行排序，数值越大，污染越严重。第二种是根据"污染治理和控制支出"（Pollution Abatement and Control Expenditures，PACE）来选择污染行业，一般将 PACE 在总成本中所占比重高于 1.8% 的行业确定为污染行业。第三种是按照内涵、定义及特征对污染行业进行分类，根据夏友富（1995）的分类，将食品加工等 17 个行业划为污染行业。第四种是国家或者地区对污染行业的法定归类，例如 2007 发布的《国务院办公厅关于印发第一次全国污染源普查方案的通知》（下文简称《通知》）中公布了 11

个重污染行业①。

归纳既有研究可知，大多数国内学者选择第一种，少数选择第二种和第三种。鉴于中国的环境治理政策主要由中央政府制定、地方政府负责执行这一事实，受规制影响较大的可能为中央政府规定的行业。基于此，本章选择第四种分类方式划分污染企业和清洁企业，前者为《通知》规定的重污染行业中的企业，后者采用《通知》规定的重污染行业之外的企业代表。

三　数据处理

考虑到本研究的对象所涉猎的数据范围较广，因此本章必须对不同数据库加以匹配才能获得所采用的指标。其中，根据企业首次出现在中国工业企业数据库中的年份推算，获得了2003—2007年新建企业数目、新建污染企业数目、新建清洁企业数目等指标的数据。与此同时，2008年之后的中国工业企业数据库因存在指标缺失、统计口径变化等原因，本书采用的企业层面数据到2007年。《中国城市统计年鉴》和中国地价监测网提供了城市层面的劳动力禀赋、资本禀赋、土地禀赋等变量的数据。最终通过匹配这三个数据库获得了2003—2007年255个城市的样本来对假说进行验证。为进一步得到准确的样本数据，本章还根据以往学者的研究对原始数据进行了细致处理②。

四　变量描述性统计

表4.1给出回归所使用的各变量的描述性统计信息。

---

①　这11个产业为：造纸及纸制品业、农副食品加工业、化学原料及化学制品制造业、纺织业、黑色金属冶炼及压延加工业、食品制造业、电力/热力的生产和供应业、皮革毛皮羽毛（绒）及其制品业、石油加工/炼焦及核燃料加工业、非金属矿物制品业、有色金属冶炼及压延加工业。

②　中国工业企业数据库处理同第二章。

表 4.1 **变量描述性统计**

变量名称	变量符号	观测值	均值	标准差	最小值	最大值
新建企业（个）	*new*	1171	233.8839	484.5947	5	7276
新建污染企业（个）	*pnew*	1171	102.5175	187.3825	2	3242
新建清洁企业（个）	*cnew*	1171	131.3664	308.0151	2	4400
新建资本密集型企业（个）	*pinew*	1171	54.67635	105.2388	2	1839
新建劳动密集型企业（个）	*lnew*	1171	177.3809	384.7152	2	5437
新建资本密集型污染企业（个）	*cpnew*	1171	28.39966	49.14318	1	919
新建资本密集型清洁企业（个）	*ccnew*	1171	26.27669	58.93481	1	920
新建劳动密集型污染企业（个）	*lpnew*	1171	73.22032	139.9372	1	2323
新建劳动密集型清洁企业（个）	*cpnew*	1171	104.1605	253.1485	1	3436
新建高生产率企业（个）	*hpnew*	1170	118.9624	248.8306	2	3512
新建低生产率企业（个）	*lpnew*	1170	114.4829	238.817	1	3794
新建国有企业（个）	*soenew*	1112	22.92626	71.17924	1	1609
新建民营企业（个）	*poenew*	1170	178.9487	345.0066	1	4996
新建外资企业（个）	*foenew*	1047	41.66858	134.5805	1	2010
环境治理：单位工业总产值的污染治理支付成本（无量纲）	*pc*	1171	66.9668	42.62297	19.54618	254.2127
环境治理：污染物去除率（%）	*ers*	1157	0.502899	0.697235	0.004898	8.196618
劳动力禀赋：就业人数（万人）	*labor*	1171	43.96855	59.02164	5.73	878.05
劳动力禀赋：单位产值的就业人数（人/元）	*olabor*	1171	0.014966	0.033062	0.000519	0.629019
资本禀赋	*ce*	1166	0.874019	0.124452	-1.77465	0.987055
工业用地协议出让土地面积（公顷）	*land*	1162	519.8768	784.8275	0.29	8957.8
人口密度（人/平方公里）	*den*	1171	447.1321	313.5689	4.73	2661.54
人均 GDP（元）	*pgdp*	1168	16900.8	13449.43	2559	91911
人均道路面积（平方米/人）	*road*	1171	271.0275	1084.817	0.79	21490

第三节　环境治理、要素禀赋与资源配置

一　作为生产要素的环境治理

根据研究对象即企业选址的特征以及所适用的模型，我们分别采用泊松回归方法、零断尾泊松回归方法、负二项回归方法对模型（4.2）进行回归。在方法的选择上，使用泊松回归的前提之一是被解释变量的期望与方差相等，事实上样本的方差是均值的 2 倍多。于是，我们选择负二项回归（NB－2）方法研究环境治理水平对企业选址的影响。

除了上述主要解释变量和控制变量外，考虑到城市的异质性，我们还控制了城市虚拟变量。基准回归结果如表 4.2 所示，从中发现环境治理水平的系数显著为负。这表明环境治理水平越高，企业选址越不倾向于此，进而说明"污染避难所效应"是成立的，与理论模型的结论相同。

"要素禀赋假说"涉及的内容相对广泛，从表 4.2 的回归结果中可见，劳动力禀赋、资本禀赋、土地禀赋对一个地区新进入企业个数的影响为正，且在大部分模型中系数值在 1% 的水平上显著不为 0。这说明丰富的劳动力、资本以及土地是吸引企业选址的重要因素，也符合"要素禀赋假说"。同样，人口密度、人均 GDP、人均道路面积对企业选址的影响也显著为正，说明市场需求、经济发展水平的提高以及基础设施建设的完善也能促使企业在此选址。从这些影响因素的回归结果来看，"要素禀赋假说"也是成立的。

以上回归结果说明，与劳动力、资本等要素类似，环境治理在资源配置中发挥重要作用，环境治理水平的提升将会直接抑制企业选址，从而使得环境治理水平低的地区成为"污染避难所"，在比较优势理论框架内"污染避难所效应"和"要素禀赋假说"是成立的。

表4.2　　　　基准回归：处于比较优势理论框架内的"污染避难所
效应"与"要素禀赋假说"

	（1）	（2）	（3）
回归方法	泊松回归	零断尾泊松回归	负二项回归
pc	-0.00662 *** (-11.04)	-0.00690 *** (-10.73)	-0.00662 *** (-11.04)
labor	0.437 *** (8.62)	0.465 *** (8.88)	0.437 *** (8.62)
ce	1.497 ** (2.19)	1.972 *** (2.73)	1.497 ** (2.19)
land	0.206 *** (9.51)	0.213 *** (9.35)	0.206 *** (9.51)
den	0.168 *** (4.38)	0.167 *** (4.25)	0.168 *** (4.38)
pgdp	0.177 *** (3.12)	0.154 *** (2.66)	0.177 *** (3.12)
road	0.0686 * (1.89)	0.0686 * (1.82)	0.0686 * (1.89)
均值	233.88		
方差	484.59		
城市	控制	控制	控制
时间	控制	控制	控制
N	1155	1155	1155

注：*、**、*** 分别表示在10%、5%和1%的水平上显著，（）内为 z 统计量。

进一步对上述结果进行稳健性检验，如表4.3所示。第一，替换环境治理水平、劳动力禀赋的指标，分别采用污染物去除率和单位产值的就业人数分别代表环境治理水平和劳动力禀赋。结果如表4.3的第（1）列所示，表征环境治理以及其他要素禀赋的系数符号与基准回归结果一致，这说明"污染避难所效应"和"要素禀赋假说"在文中是成立的。第二，为避免可能存在的逆向因果关系问题，将解释变量作滞后一期处理，回归结果如第（2）列所示，各个解释变量的系数符号与表4.2是一致的，说明基准回归结果具有一定稳健性。第三，不同样本选择方式可能会影响到回归结果的准确性，我们将企业样本选择的方法变为按照成立年份筛选，结果如第（3）列所示，各解释变量的系数符号也与基准回归结果一致。同时，样本选择标准也需要考虑，上文的新建国有企业样本包含所有规模，而其他类型企业仅仅统计规模以上，为此我们剔除规模以下国有企业进行回归，结果见第（4）列，解释变量的回归系数依然与基准回归结果也一致。第四，异常值可能干扰回归结果，通过观测数据发现，将新进入企业个数的样本按照从小到大排列，绝大部分样本均匀地分布于5—2800之间，之后该值突然跃升至3447，因此将其作为异常值剔除。另外，考虑到直辖市在行政级别上与省同级，在招商引资时与其他地级市不处于同一层面，企业考虑选址也是如此。通过剔除地级市样本进行稳健性检验，最终结果如表4.3的第（5）列与第（6）列所示。各解释变量系数的符号与基准回归结果基本相同，说明回归结果通过了样本选择的稳健性检验。第五，考虑到2006年之后，工业用地的出让方式发生变化，即"工业用地必须采用招标拍卖挂牌方式出让"，这使得样本中2007年"工业用地协议出让土地面积"这一指标可能无法准确反映土地禀赋，因此稳健性检验中将样本期缩短至2003—2006年，回归结果如表4.3的第（7）列所示。从结果中可发现，主要解释变量的系数方向依然与基准回归结果一致，说明基准回归结果是稳健的。

　　上述结果还可能忽视的一个问题是环境治理的内生性，我们选择工具变量来分析"污染避难所效应"和"要素禀赋假说"。相关研究认为，以城市降水量、风速、平均气温、日照时间等自然条件作为环境治理水平的工具变量，可克服变量的内生性问题（董直庆和王辉，2019；史贝贝等，2017）。综上所述，本章选择城市降水量 js、城市全年日照时间 rz、城市年均气温 qw、城市风速 fs 作为环境治理的工具变量，运用两阶段最小二乘法（2SLS）对环境治理水平与企业选址的关系进行稳健性分析，相关数据来源于美国国家海洋和大气管理局（NOAA）和中国的国家气象科学数据中心。结果如表4.4所示，显然，第一阶段的回归结果显示，城市降水量对环境治理具有显著的正向影响，城市年均气温对环境治理具有显著的负向影响，而且F检验的值大于10。该结果表明不存在弱工具变量问题；第二个阶段的回归结果说明，环境治理水平对企业选址依然具有显著的负向影响。

上述结果证实了所提假说，进一步可推断，随着资源越来越稀缺、生态环境承载力逐渐到达上限，环境同劳动、土地一样都有其稀缺性，因此能够作为一种重要的生产要素，进而成为资源配置的重要影响因素。

表 4.3　　　　　　　　　　　　　　稳健性检验结果

	(1)	(2)	(3)	(4)	(5)	(6)	(7)
样本	全国样本	全国样本	按成立年份计算的样本	剔除规模以下国企的样本	剔除异常值	剔除直辖市	全国样本
回归方法	负二项回归	负二项回归	负二项回归	负二项回归	负二项回归	负二项回归	负二项回归
ers	-0.240 *** (-2.58)						-0.240 *** (-3.25)
$olabor$	0.620 (0.98)						4.113 *** (2.91)
ce	0.473 *** (3.61)						0.897 ** (1.96)
$land$	0.0369 ** (2.13)						0.276 *** (4.49)
ers_{t-1}		-0.382 *** (-5.67)	-0.00624 *** (-5.81)	-0.00277 * (-1.92)	-0.241 *** (-3.31)	-0.224 *** (-3.71)	
$olabor_{t-1}$		1.255 * (1.70)	0.410 *** (4.94)	0.421 *** (4.32)	7.339 *** (5.23)	11.255 *** (5.82)	
ce_{t-1}		0.836 (0.94)	2.871 *** (4.38)	1.470 ** (2.60)	0.410 (0.66)	0.514 (0.74)	
$land_{t-1}$		0.343 *** (13.61)	0.184 *** (4.83)	0.0340 (0.780)	0.265 *** (5.30)	0.252 *** (10.70)	
控制变量	控制	控制	控制	控制	控制	控制	控制
城市	控制	控制	控制	控制	控制	控制	控制
年份	控制	控制	控制	控制	控制	控制	控制
N	1141	858	534	534	851	843	901

注：*、**、*** 分别表示在 10%、5% 和 1% 的水平上显著，（ ）内为 z 统计量。

表4.4　　　　　　　　　稳健性检验：工具变量

	（1）	（2）
样本	全国样本	全国样本
回归方法	2SLS：固定效应（第一阶段）	2SLS：负二项回归（第二阶段）
被解释变量	环境治理	新建企业个数
js	0.0403 *** （3.02）	
rz	0.0514 （0.45）	
qw	− 0.0348 *** （− 6.13）	
fs	0.00680 （0.06）	
$\widehat{ers}$		− 0.958 *** （− 10.59）
$olabor$	− 1.0154 （− 1.54）	1.651 ** （2.17）
ce	− 0.449 ** （− 2.49）	1.057 * （1.82）
$land$	− 0.0576 *** （− 3.21）	0.236 *** （10.38）
控制变量	控制	控制
城市	控制	控制
年份	控制	控制
N	1002	1002
F	19.52 ***	

注：*、**、*** 分别表示在10%、5%和1%的水平上显著，（）内为 z 统计量。

二　环境治理对资源配置的影响机制

为明晰上述回归结果的内在机理，本章通过不同的样本划分方式加以探索。上述研究已证明环境治理水平直接影响企业选址，但是未就其内在机理进行进一步探讨。从理论上讲，环境治理使生产要素结构有所变化,环境治理越重要,生产要素的结构性变化越明显,这种结构性变化对企业选址的影响也越大。这一影响可通过比较污染企业选址与清洁企业选址的影响因素来验证。一般来说,环境因素于污染企业更为重要,环境治理水平提高对污染企业要素禀赋结构变化的影响更为明显,因而对污染企业选址的影响也更为明显。清洁企业本身排污较少,受环境治理的影响也就较小,那么环境因素通过要素禀赋结构变化对其产生的影响也较不明显。表4.5第(1)列的样本范围是新进入污染企业,回归结果显示,环境治理水平对新进入污染企业个数的影响为负,并且在1%的水平上显著,劳动力禀赋、资本禀赋、土地禀赋对污染企业选址的影响显著为正;第(2)列的样本是新进入清洁企业个数,环境治理的回归系数在10%的水平上无法拒绝系数等于0这一原假设,其他要素对清洁企业选址的影响也显著为正。这一回归结果说明,环境因素的加入会改变要素禀赋结构,进而对污染企业选址产生显著影响,而清洁企业并非环境治理的重点对象,故要素禀赋结构的这种变化对其选址的影响不明显。

为了细致剖析这一间接效应,我们还要考虑到,根据"要素禀赋假说",污染企业的选址可能与一个地区的资本禀赋有关,这使得环境治理对企业选址的间接影响可能受到资本密集度的干扰,本章将通过重新划分样本的方式尽量排除这种干扰。首先,经描述性统计发现,资本密集度较高的样本中,环境治理水平较低(约0.41),资本密集度较低的样本中,环境治理水平较高(约0.82)。相比于资本密集度较低的地区,资本密集度较高的地区平均新进入的污染企业个数也比较多(前者为59.44个,后者为188.44个)。这两类统计数据同时说明一个问题,即资本禀赋丰裕与环境治理水平较低是并存的,而且资本丰裕的地区整体上吸引的污染企业也较多,这使得环境治理与资本要素在企业选址中的作用难以从实证上分离。

其次,通过计量回归验证环境治理的间接影响。采用了比较分析方法,先将资本禀赋的干扰尽量放大,以查看环境因素是否依然对企业选址产生间接影响。表4.5第(3)列将样本范围缩小为新进入的资本密集型污染企业，以保持资本密集型企业与污染企业的一致性。结果发现，环境治理水平的降低会增加企业进入数量，丰裕的资本禀赋也会吸引企业进入，劳动力禀赋和土地禀赋也对资本密集型污染企业选址产生显著的正向影响。这说明即使受到资本禀赋的干扰，实证结果依然显示，环境治理通过改变要素禀赋结构影响到企业选址。

最后，为保证回归结果的严谨性，本部分将资本禀赋的干扰尽量降低，以观察环境治理对企业选址的影响是否成立。第一，我们将样本范围缩小至劳动密集型污染企业。回归结果如表4.5的第（4）列所示，环境治理对企业选址的负向影响依然十分显著，这说明在尽可能减少资本禀赋的干扰后，环境治理依然通过改变要素禀赋结构来影响企业选址。第二，假定样本为资本密集型企业同时也是清洁企业，以尽量分离环境因素和资本因素的紧密关系。回归结果如第（5）列所示，环境治理对企业选址的影响不再显著。第三，对于既不是资本密集型企业也不是污染企业的样本进行分析。结果如第（6）列所示，环境治理对该类企业选址没有显著的影响，其他要素禀赋对其选址仍有显著的正向影响。

综上所述，通过重新划分样本范围的方式，尽可能控制干扰回归结果的因素，依然发现环境治理进入要素禀赋范围后，通过改变要素禀赋结构影响资源配置，这种影响在污染企业尤为突出，说明"污染避难所效应"是存在的。

表 4.5　　　　　　　　　　企业选址的影响机制

样本	（1）	（2）	（3）	（4）	（5）	（6）
	污染企业	清洁企业	资本密集型污染企业	劳动密集型污染企业	资本密集型清洁企业	劳动密集型清洁企业
回归方法	负二项回归	负二项回归	负二项回归	负二项回归	负二项回归	负二项回归
pc	-0.00313 ***	-0.00218	-0.00220 ***	-0.00273 **	-0.00112	-0.00344
	（-4.914）	（-1.500）	（-2.91）	（-2.41）	（-0.71）	（-1.59）
$labor$	0.431 ***	0.560 ***	0.473 ***	0.153	-0.144	6.308 ***
	（7.960）	（11.188）	（8.03）	（0.95）	（-0.63）	（3.47）

续表

	（1）	（2）	（3）	（4）	（5）	（6）
样本	污染企业	清洁企业	资本密集型污染企业	劳动密集型污染企业	资本密集型清洁企业	劳动密集型清洁企业
回归方法	负二项回归	负二项回归	负二项回归	负二项回归	负二项回归	负二项回归
ce	1.710 ** (2.156)	1.772 *** (3.011)	2.887 *** (3.50)	0.0992 (0.45)	2.405 *** (2.11)	1.871 *** (2.57)
$land$	0.171 *** (7.803)	0.162 *** (6.750)	0.174 *** (6.20)	0.0414 * (1.95)	0.0539 *** (1.71)	0.280 *** (4.07)
控制变量	控制	控制	控制	控制	控制	控制
城市	控制	控制	控制	控制	控制	控制
年份	控制	控制	控制	控制	控制	控制
N	1155	1155	1155	1155	1155	1155

注：*、**、*** 分别表示在10%、5%和1%的水平上显著，（）内为 z 统计量。

本章通过建立理论模型和数据回归发现，在"块状治理"模式下，"污染避难所"问题是存在的。理论部分和实证部分均说明，在"比较优势理论"框架内，环境治理与其他生产要素一样影响资源配置，资源会从环境政策实施严格的地区流向环境政策实施宽松的地区，"污染避难所效应"是存在的。这种跨区域影响会影响到环境政策的实施效果，从而影响到环境质量在全国范围内的整体改善。因而，构建多元参与的环境治理体系需要克服"块状治理"模式所带来的"污染避难所"问题。结合第二章的研究结果，"块状治理"模式还会引起"逐底竞争"问题，进而导致区域间绿色发展呈现关联性。

该篇的研究结果证明，"块状治理"模式带来的"逐底竞争""污染避难所"等问题是构建环境治理体系要解决的核心问题，解决这一问题需要明晰政府、企业和其他社会力量等各类主体参与，制约地方为了自身发展而形成"逐底竞争"及污染转嫁问题。这样会形成全社会各负其责，又共同推进环境治理的良好格局。此时，即使治理模式依然是块状，但因各主体会对排污行为进行监督，区域间污染物溢出的现象会有所改观，全国范围内环境治理效果也可整体推进。然而，如何调动各主体参与环境治理的积极性是个难题，无论是政府主导作用的发挥，还是企业主体作用的发挥，抑或社会力量的积极参与，都需要有合理的责任分配机制和考核评级指标体系，这两点成为构建多元参与的环境治理体系的突破点。第五章到第七章将从量化视角系统分析治理责任分配和考核评价指标体系的设定如何影响环境治理，从而清晰地论证构建多元参与的环境治理体系如何从这两点来突破"块状治理"模式带来的问题。

第 二 篇

多元参与的突破点

第五章　治理责任分配、考核评价指标与环境治理

　　就目前而言，政府在环境治理中依然起主要作用，大部分企业接受环境治理，而社会力量的参与度也不是很高，所以要想构建多元参与的环境治理体系，必须充分调动企业和社会力量参与的积极性。而中国在全面调动各级政府积极参与环境治理过程中积攒了不少经验，这些经验可为激励企业和社会力量积极参与环境治理提供突破口。笔者将这些经验归结为两点，合理分配环境治理责任和合理的考核评价标准，这两点也成为构建多元参与的环境治理体系的两个突破点。本章将着重研究这两点是否以及如何激励地方政府积极参与环境治理，为找到多元参与的突破点提供经验依据。就目前的环境治理体系而言，环境治理的责任主要在地方政府尤其是基层政府，因而可以用财政支出分权来表征治理责任分配，考核评价指标主要存在于上下级政府之间，因此可用经济增长率和减排率来代表不同的考核评价指标。从理论上讲，无论是分权还是考核评价指标都是中国式分权制度的重要内容，因而我们在中国式分权背景下来讨论治理责任分配、考核评价指标与环境治理这一问题，以期验证这两个突破点能否改善"块状治理"模式带来的"逐底竞争"和"污染避难所"问题。本章将"竞争效应"嵌入中国式分权理论之中分析治理责任分配和考核评价指标设计如何影响环境治理，进而为构建多元参与的环境治理体系所要解决的责任分配问题和激励机制问题提供实证证据。需要强调的是，第五章和第六章虽然有类似的研究对象，但侧重点不同。本章侧重点是治理责任分配和考核评价指标所带来的地方政

府间竞争对环境治理的影响结果是什么，而第六章则进一步深入到过程之中，研究治理责任分配和考核评价指标如何引发了地方政府间就环境治理展开策略互动。两章是相辅相成的互补关系。

进入正题之前，我们需要明确中国式分权的定义。罗震东（2006）将分权定义为，集中在一个中心的权力和责任向相关平行部门、下属区域或组织进行转移和分散的过程。而中央集权和经济分权相结合则是中国式分权的核心特征（傅勇和张晏，2007；王赛德和潘瑞姣，2010；许成钢，2011）。Blanchard 和 Shleifer（2001）则采用比较分析方法，对中国和俄罗斯作了对比，概括了政治上的中央集权和经济分权是中国式分权的重要特征。周雪光和练宏（2012）的视角稍有不同，其研究将政府分为三层：中央政府—中间政府—基层政府，中央政府的权力是组织设计、激励设置、绩效评估等，基层政府则负责落实自上而下的政策，中间政府则承担监督基层政府的职责，侧重于央地部门间"条状"纵向分权分析。

根据各位学者的研究，笔者总结了中国式分权的特点：行政权、财政权等在政府间以及政府与社会间进行分配，且这种分配方式因考核评价指标而异。对此，下文从中国式分权的两个要素治理责任分配（事权分权）和考核评价指标出发，二者所引致的地方政府竞争对环境治理产生影响，进而成为多元参与要解决的问题。

第一节　治理责任分配、考核评价指标与地方政府竞争

首先，从理论上来讲，地方政府竞争源自分权，其中部分内容涉及治理责任分配。第一代分权理论认为，地方政府对本地区居民意愿和偏好等更了解，可以提高公共品供给的效率（Oates，1972）。Tiebout（1956）认为，居民的"用脚投票"能够保证公共品供给和居民偏好更好的匹配，而分权体制下的竞争能激励地方政府提升公共品供给效率。为了争夺有限的资源，地方政府根据竞争对象行为制定本地区政策

（Tiebout，1956）。这就不难理解地方政府间税收、财政支出、财政收入的竞争，这些竞争行为影响到环境治理效果。已经有学者证明，地方政府为吸引要素流入，通过财政支出展开竞争（Baicker，2005；Yu 等，2013），给予地方政府更多的事权（治理责任）能够使环境治理更有效率，利于环境治理强度提升（Millimet，2003）。然而，具体到中国的国情，地方政府竞争有些许不同，因为地方政府拥有经济主体、利益主体和管理主体"三位一体"的身份属性（傅强等，2016）。有学者将中国地方政府间竞争称作"中国式标尺竞争"（张华，2016），实际上是地方政府为追求各自的利益，运用事权和财权等就中央政府制定的考核评价指标展开竞争。这意味着，中央政府赋予地方政府的事权（治理责任）和财权成为地方政府竞争的条件，而考核评价指标成为竞争目标。

其次，部分学者提出了地方政府竞争利于公共品有效供给的条件，Musgrave（1959）认为只有收入和治理责任相对应时，分权才能改善公共福利。自分税制改革以来，地方政府财权有所下降，分权带来的财政（收入）激励会促使地方政府发展经济（Qian 和 Weingast，1997；Qian 和 Roland，1998），这构成了地方政府的"经济激励"，这也是第二代分权理论的代表性观点之一。给予地方政府更多财权后，对环境影响体现在两方面：一方面，为了获得更多财政收入，地方政府会相互竞争，采取不断降低环境门槛的方式来吸引投资；另一方面，财权为地方政府竞争提供了资金，可用于环境治理，因此财权可能会通过地方政府竞争对环境治理产生正向影响。

最后，地方政府就中央政府制定的考核评价指标展开竞争。而自2003 年"科学发展观"提出以来，考核评价指标也在不断变化，环境质量在考核评价指标体系中所占的分量上升。《国家环境保护"十五"计划》明确提出"主要污染物排放总量减少10%"的目标，但仅仅是预期性目标。随着政策制定和执行的不断严苛，在"十一五"规划中，"主要污染物排放总量减少10%"变为约束性目标。由此可见，地方政府间竞争受竞争目标的影响，即中央政府制定的考核评价指标，这使之与"经济激励"存在本质区别。在考核评价指标中，越追求环境质量提高，地方政府竞争对环境治理的负向影响越弱，正向影响越强。

在中国式分权背景下，随着分权程度的提高，地方政府竞争可能对环境治理的影响也呈现出阶段性特征。具体来说，过多的治理责任（事权）更是为地方政府竞争经济提供了便利条件，这把"双刃剑"可能会导致环境治理效率下降；若考核评价指标对经济的重视程度超过环境，即使经济发展到较高水平，地方政府竞争依然对环境产生不利影响，冉冉（2013）经田野调查发现，在调查范围内，几乎所有受访官员都承认把完成经济发展和维护社会稳定的这些"硬约束"指标放在最重要的位置，面对"硬约束"，环境等"软约束"可能会放松。

第二节　地方政府竞争对环境治理影响的阶段特征

一　面板门限模型

借鉴 Hansen（1999）对面板门限模型设定和运用，我们以事权分权作为门限变量建立多门限模型，研究地方政府竞争对环境治理影响的变化，我们将计量模型设定如下：

$$er_{it} = \beta_0 + \beta_1 pfdi_{it} I_{it}(thr \leq \gamma_1) + \beta_2 pfdi_{it} I_{it}(\gamma_1 < thr \leq \gamma_2) + \beta_3 pfdi_{it}.$$
$$I_{it}(\gamma_2 < thr \leq \gamma_3) + \cdots + \beta_m pfdi_{it} I_{it}(thr > \gamma_m) + \delta X_{it} + e_{it} \qquad (5.1)$$

模型（5.1）是门限回归模型，主要研究地方政府竞争对环境治理影响的临界点。er_{it} 为环境治理，X_{it} 为控制变量，下标 i 代表城市，t 代表年份，$\{1 \leq i \leq n; 1 \leq t \leq T\}$；$pfdi_{it}$ 是地方政府竞争变量，X_{it} 是控制变量的列向量，e_{it} 是随机扰动项，服从均值为 0 且方差有限的正态分布。$I_{it}(\cdot)$ 为指示函数，系数 β_1、$\beta_2 \cdots \beta_m$ 不随时间发生变化，这样，公式（5.1）的具体表达式如下：

$$er_{it} = \begin{cases} \beta_0 + \beta_1 pfdi_{it} + \delta X_{it} + e_{it}, pfdi_{it} \leq \gamma_1 \\ \beta_0 + \beta_2 pfdi_{it} + \delta X_{it} + e_{it}, pfdi_{it} > \gamma_1 \\ \vdots \\ \beta_0 + \beta_m pfdi_{it} + \delta X_{it} + e_{it}, pfdi_{it} > \gamma_m \end{cases} \qquad (5.2)$$

式（5.2）将回归模型按照门限值分为多个区间，每个区间具有不同的回归方程，根据门限变量的大小将样本分类，通过比较回归系数 β_1、$\beta_2\cdots\beta_m$ 的不同，来说明在经济发展的不同阶段，地方政府竞争对环境治理影响的变化。

借鉴 Hansen（1999）的思路，采用"残差平方和最小化"确定门限值，同时检验门限值的显著性，进而确保门限值的可靠性。先假设存在"单门限"，之后再假设存在"双门限"，"三门限"等。thr 为门限变量，文中代表经济水平、分权、考核评价指标；$\hat{\gamma}_1$ 是需要估计的第一个门限值，$\hat{\gamma}_2$ 是需要估计的第二个门限值，以此类推，$\hat{\gamma}_m$ 是需要估计的第 m 个门限值。

在门限估计中，有三个问题需要解决：第一，估计门限值；第二，对门限估计值的显著性进行检验；第三，检验门限估计值是否等于真实值。对于第一个问题，需要将每一个门限变量的观测值作为可能的门限值带入模型，在此基础上进行回归并估计相应残差平方和，如此重复，能够获得最小残差平方和的 γ 就是真实的门限值。

以一个门限值为例，残差平方和为 $S_1(\gamma_1) = \hat{e}(\gamma_1)'\hat{e}(\gamma_1)$，而最优门限值 $\hat{\gamma}_1$ 是使得 $S_1(\gamma_1)$ 在所有残差平方和中的最小者：$\hat{\gamma}_1 = \mathrm{argmin}S_1(\gamma_1)$。Hansen（1999）将门限变量中的每一个观测值都作为可能的门限值，将满足 $\hat{\gamma}_1 = \mathrm{argmin}S_1(\gamma_1)$ 的门限值作为最优门限值，其他参数值也随之相应确定。对于门限个数的确定，Hansen（1999）提供了如下步骤。第一步，确定第一个门限值 $\hat{\gamma}_1$；第二步，在确定第一个门限值的基础上，第二个门限值标准差为：

$$S_2^r(\gamma_2) = \begin{cases} S(\hat{\gamma}_1, \gamma_2) , \hat{\gamma}_1 \leqslant \gamma_2 \\ S(\hat{\gamma}_1, \gamma_2) , \hat{\gamma}_1 > \gamma_2 \end{cases}$$

第二个门限值满足：$\hat{\gamma}_2^r = \mathrm{argmin}S_2^r(\gamma_2)$，以此类推，估计第三个、第四个门限值。

第二个问题，观察根据门限值划分的两组样本估计参数是否显著不同，据此确定门限值的显著性。不存在门限值的原假设是 $H_0:\beta_1 = \beta_2$，备择假设是 $H_1:\beta_1 \neq \beta_2$，只有拒绝原假设接受备择假设时，才能证明显著存在门限值。构建 F 统计量为：$F = [S_0 - S_1(\hat{\gamma}_1)]/\hat{\sigma}^2$，其中，$S_0$ 为原假设下（不存在门限值）进行参数估计后得到的残差平方和，$S_1(\hat{\gamma}_1)$ 为门限效应下得到的残差平方和。$\hat{\sigma}^2 = S_1(\hat{\gamma}_1)/[n \times (T-1)] = \hat{e}(\hat{\gamma}_1)'\hat{e}(\hat{\gamma}_1)/[n \times (T-1)]$，由于 $\hat{\gamma}$ 在无门限效应假设下无法识别，因此 F 统计量的分布是非标准的。采用 Hansen（1999）的方法，运用 Bootstrap 方法获得渐进分布来计算 P 值，当 P 值足够小时，则拒绝原假设，也就是说存在门限值。具体来说，每次抽样得到一个 LM 统计量，当 LM 统计量大于 F 统计量的次数占模拟次数的百分比就是 Bootstrap 得到的 P 值。以上是检验第一个门限值是否显著，第二个门限值是否显著需要检验的 F 统计量为：$F_2 = [S_1(\hat{\gamma}_1) - S_2^r(\hat{\gamma}_2^r)]/\hat{\sigma}^2$，相应的，$\hat{\sigma}^2 = S_2^r(\hat{\gamma}_2^r)/[n \times (T-1)]$。其中，原假设为只有一个门限值，备择假设是有两个门限值，重复以上步骤，当 P 值足够小时，则拒绝原假设，也就是说存在两个门限值。最后，检验第三个门限值，$F_3 = [S_2^r(\hat{\gamma}_2^r) - S_3^r(\hat{\gamma}_3^r)]/\hat{\sigma}^2$，$\hat{\sigma}^2 = S_3^r(\hat{\gamma}_3^r)/[n \times (T-1)]$。

第三个问题，检验门限估计值 $\hat{\gamma}_1$ 是否等于真实值 γ_1，首先估计第一个门限值，原假设是 $H_0: \gamma_1 = \hat{\gamma}_1$，备择假设是 $H_1: \gamma_1 \neq \hat{\gamma}_1$，由于存在多余参数，Hansen（1999）使用极大似然估计量检验门限值，来获得统计量：$LR_1(\gamma_1) = [S_1(\gamma_1) - S_1(\hat{\gamma}_1)]/\hat{\sigma}^2$。其中，$LR_1$ 为非标准正态分布，Hansen（1999）计算了其拒绝区间，即当显著性水平为 α 时，$LR_1 \leq C(\alpha) = -2\ln(1 - \sqrt{1 - \alpha})$ 时，接受原假设，也就是说门限值等于真实值。在 90% 的置信水平下，$C(\alpha) = 6.35$；在 95% 的置信水平下，$C(\alpha) = 7.35$；在 99% 的置信水平下，$C(\alpha) = 10.59$。在两个门限值的情况下，$LR_2^r(\gamma_2) = [S_2^r(\gamma_2) - S_2^r(\hat{\gamma}_2^r)]/\hat{\sigma}^2$，当 $LR_2^r(\gamma_2) \leq C(\alpha)$ 时，接受原假设，也就是说第二个门限值的估计值等于真实值，在三个门限值的情况下，$LR_3^r(\gamma_3) = [S_3^r(\gamma_3) - S_3^r(\hat{\gamma}_3^r)]/\hat{\sigma}^2$，以此类推。

二 指标选取

1. 地方政府竞争指标

该指标是主要解释变量之一。傅勇和张晏（2007）用各地区外资企业相对实际税率来衡量地方政府竞争的努力程度，这个指标具有合理性，但是容易低估三资企业中服务业比重较大城市的竞争程度。张军等（2007）通过各省人均实际利用外商直接投资衡量政府竞争程度，认为地方政府竞争标尺主要体现在吸引外资为主的经济竞争上，一个地区人均 FDI 越高，该地区竞争强度越大。也有其他学者采用各省份 FDI 占全国当年 FDI 的比重衡量政府竞争（郑磊，2008），但是该指标无法反映整体竞争程度的升降。本研究认为 FDI 进入中国市场未必只看重宽松的环境治理，中国丰富的劳动力、良好的创新环境、丰富的能源等也极具吸引力，因此选择人均 FDI（$pfdi$）衡量地方政府竞争。

2. 治理责任分配：事权

分权指标选择不同，其对环境治理影响也存在差异。关于分权的定义，学界多以财政分权指标表示。为全面反映财政分权变化，张晏和龚六堂（2005）用四种方法表示财政分权，其中包括预算内本级政府财政收入指标，该指标采用各省预算内本级财政收入/中央预算内本级财政收入代表。傅勇和张晏（2007）则采用人均预算内本级财政支出/中央预算内本级财政支出代表实际分权，财政分权指数越大，地方政府财政自由度越大，也就越能按激励方向改变财政支出结构（余显财和朱美聪，2015）；乔宝云等（2005）运用省本级人均支出/（省本级人均支出 + 中央本级人均支出）代表。陈硕和高琳（2005）认为选取指标不同，其影响也会有很大差异，因此分别采用张晏和龚六堂（2005）及乔宝云等（2005）的指标展开研究。从城市角度看，赵霄伟（2014）将财政分权定义为人均城市本级财政支出占总财政支出的比值，其中，总财政支出等于人均各城市本级财政支出、城市所在省份本级财政支出与人均中央本级财政支出的总和，这一指标可以剔除人口规模的影响，又可排除中央对地方财政的转移支付的影响。

为全面研究中国式分权背景下，地方政府竞争对环境治理影响，结合以上学者研究，分别采用本级预算内财政支出/预算内总财政支出（$fd1$）作为治理责任分配（事权）变量进行回归。

3. 考核评价指标

考虑到中国经济及社会发展目标在五年规划中制定，经济绩效指标主要指 GDP 增长速度，环境绩效指标主要指污染物减排率。经济绩效指标采用两种，第一种是经济增长速度（$rgdp$），第二种是城市经济增长速度与本省经济增长速度之差（$rgdp2$），也就是说 GDP 增速是否大于省内样本城市 GDP 均值，该值越大代表经济绩效越好，考核评价指标对官员晋升越有利。环境绩效指标也主要采取两种，一是两种污染物减排率均值即污染物排放量增长率均值（二氧化硫和烟尘，$rpol$），二是污染物减排率与本省污染物减排率之差（$rpol2$），该值越小代表环境绩效越好，考核评价指标对官员晋升越有利。经济绩效指标和环境绩效指标成为地方政府竞争的动力，已有研究表明，在经济增长方面极具竞争力的地区，其官员晋升概率较大（蒋德权等，2015），污染物排放则相反，污染排放量较高的地区，其官员越难得到晋升（黎文靖和郑曼妮，2016）。

4. 控制变量

事权、财权、经济水平（$pgdp$）、产业结构（ind）、人口密度（$densy$）、资本密集度（kl）、失业率（ur）、科教支出比例（rse）作为控制变量。其中，财权采用本级预算内财政收入/预算内总财政收入（$fd2$）代表，经济水平采用人均实际 GDP 的对数代表，产业结构采用第二产业产值占 GDP 比重表示，人口密度选择单位面积的人数表示，而资本密集度采用资本与劳动力之比表示，科技支出比例用科教支出占财政支出比例代表。

第三节　地方政府竞争与环境治理效果

在中国式分权背景下，分权和考核评价指标所引致的地方政府竞争对环境治理产生影响。在发达国家，已有学者研究发现分权基础上的"逐顶竞争"现象存在：Kahn（1996）研究了芝加哥和加利福尼亚的碳氢化合物环境治理标准之间的关系，发现芝加哥的环境治理标准逐渐接近加利福尼亚；Millimet（2003）验证了 20 世纪 80 年代中期里根执政期间的环境治理竞争呈现"逐顶竞争"的状态。在中国，地方政府竞争在什么时候利于环境治理水平提升依然是需要实证验证的问题，然而，相关的实证研究相对缺乏。采用门限回归模型考察随着治理责任分配和考核评价指标的变化，地方政府竞争对环境治理的影响。

首先，需要确定是否存在门限值以及门限值个数，从而确定模型形式；其次，检验门限值是否显著；最后，检验门限值是否等于真实值。如表5.1所示，我们以事权（$fd1$）为门限变量，总体上考察随着治理责任的变化，地方政府竞争对环境治理的影响及其变化。我们进行门限效应的显著性检验，当门限值数量为2个和3个时，F统计量分别为5.20和4.53，采用自助抽样法模拟得到的P值均小于0.05，说明在5%的显著水平下，存在三个门限值。另外，三个门限值均处于95%的置信区间内。因此，选择三重门限面板模型进行分析。

关于门限值真实性检验，Hansen（1999）提出使用LR统计量检验门限值，并构造了非拒绝区域。运用5%的显著水平下，观测LR＝7.35时所对应的门限值的置信区间大小来判断门限值的可靠性。当似然比统计量LR为0时，γ的取值就是我们所要求的门限参数估计值。经检验发现，所有的LR值都小于7.35，无法拒绝原假设；从另一个角度看，门限估计值及其置信区间均位于7.35水平线之下，处于原假设接受区域内。因此，可以认为门限估计值等于实际值。另外两个门限值真实性的检验步骤也是如此，在此不再赘述。

参照以上步骤，我们估计了以财政赤字（def）、经济增长速度（$rgdp$）、减排率（$rpol$）为门限变量的门限值，以研究随着权责匹配度和考核评价指标变化，地方政府竞争对环境治理的影响。对门限值估计及其显著性检验的结果见表5.1，我们统计了多门限F值、门限估计值及置信区间。依次进行单一、双重、三重门限检验命令，所有门限变量均存在3个门限值，且通过了F检验，并落在95%的置信区间内部。发现本书分别以财政赤字、经济增长速度、污染物减排率为门限变量时，其中一个门限值的似然比函数、门限值及其置信区间，在似然比检验统计量的临界值之下，在95%的置信区间内，所有LR检验值均小于临界值，接受原假设，也就是说，门限值等于真实值。再次说明地方政府竞争对环境治理的影响是非线性的。

表5.1　　　　　　　　　　　　　门限数量识别检验

门限变量	门限数	F 值	门限值	95% 置信区间
fd1	1	− 350. 8612	0. 2527	[0. 2527，0. 3058]
	2	5. 2029 **	0. 2527，0. 5709	[0. 2527，0. 3058]；[0. 0406，2. 6655]
	3	4. 5348 **	0. 1732， 0. 2527，0. 5709	[0. 0406，2. 6655]；[0. 2527，0. 2527]； [0. 0406，2. 6655]
def	1	− 351. 6894	− 0. 0082	[− 0. 0082，− 0. 0082]
	2	10. 5431 ***	− 0. 0155，− 0. 0082	[− 0. 0302，− 0. 0155]；[− 0. 0082， − 0. 0009]
	3	5. 5342 **	− 0. 1625，− 0. 0155， − 0. 0082	[− 0. 3535，0. 0102]；[− 0. 0302， − 0. 0155]；[− 0. 0082，− 0. 0009]
rgdp	1	− 366. 7784	0. 1030	[0. 0968，0. 1123]
	2	8. 4536 ***	0. 1030，0. 1619	[0. 0937，0. 1247]；[0. 1588，0. 1713]
	3	8. 6198 ***	0. 1030， 0. 1619，0. 1992	[0. 0937，0. 1247]；[0. 1588，0. 1713]； [0. 0100，0. 3170]
rpol	1	− 344. 0724	0. 0139	[− 0. 0383，0. 0139]
	2	7. 6201 ***	− 0. 0383，4. 6570	[− 0. 0383，0. 0139]；[− 0. 5078，4. 6570]
	3	8. 4718 ***	− 0. 0383，0. 2226， 4. 6570	[− 0. 0383，0. 0139]；[0. 1183，0. 6399]； [− 0. 5078，4. 6570]

注：P 值和临界值均采用 Bootstrap 反复抽样 1000 次得到的结果；*、**、*** 分别表示在 10%、5%、1% 水平上显著。

关于治理责任分配过程中，地方政府竞争对环境治理的影响，表 5.2 中的第（1）和第（2）列显示了实证结果。以事权为门限变量，地方政府竞争对环境治理的影响呈现倒"U"形。也就是说，过多的事权会使地方政府竞争对环境治理产生不利影响，合理程度的分权能够促进环境治理水平提升。随着事权上升，地方政府竞争对环境治理的影响经历了由正到负的过程，具体来说，当事权从小于 0. 1732 的区间到 [0. 1732，0. 2527] 时，地方政府竞争对环境治理水平的边际影响由 0. 0151 上升至 0. 0356。随着事权增加，地方政府竞争具有了更多的权力，更能够高效率治理环境，这与 Millimet（2003）的研究结论相似。但是在中国式分权背景下，地方政府会根据中央政府制定的考核评价指标展开竞争，过多的事权使地方政府竞争对环境产生不利影响，具体而言，当事权大于 0.5709 时，地方政府竞争对环境治理产生不利影响。根据所选取的竞争指标，事权较大时，地方政府为吸引 FDI，存在降低环境门槛的行为，这也与朱平芳等（2011）、赵霄伟（2014）等学者的研究结论相似。

那么什么样的治理责任分配利于环境治理？与 Musgrave（1959）认为只有收入和支出责任相对应时，分权才能改善公共福利的观点相似，本书认为需要合理的财税体系设计，使财政赤字保持在合理范围内。为验证这一结论，表 5.2 中的第（2）列以财政赤字（def）为门限变量，分析地方政府竞争对环境规制的影响，结果发现，在财政赤字占 GDP 比重大于 16.25% 时，地方政府竞争对环境规制的影响为负数，说明财权和事权不匹配使地方政府为竞争经济而放松环境规制。当赤字规模占 GDP 比例小于 1.55% 时，地方政府竞争对环境规制产生正向影响，而且赤字规模占 GDP 比例到达一定阈值（小于 0.82%）时，地方政府竞争对环境治理正向影响最大。由此可见，收入和支出责任相匹配是十分必要的，这样地方政府既有财力又有对应的权力来管理环境，使环境治理水平不断提升，进而改善环境质量。

关于考核评价指标变化过程中，地方政府竞争对环境治理的影响。在我国分权体制下，政府竞争的一个重要影响因素是考核评价指标，这直接决定了地方政府的竞争目标。以经济增长速度和污染物减排率分别作为经济指标和环境指标考察地方政府竞争对环境治理的影响。从表 5.2 的回归结果中我们可以发现，在经济增长速度较低（小于 10.3%）、污染物排放量增长率（小于 -3.83%）较低也就是说减排率较高时，地方政府竞争是利于环境治理水平提升的，这意味着如果中央政府对污染物减排的要求提升，对经济增长速度的要求降低，地方政府竞争是有利于环境治理水平提升的。如果考核评价指标对经济增长要求较高，那么地方政府会为经济增长而展开竞争，可能存在不断降低环境门槛的现象，如果对环境质量要求较高，那么地方政府会为减排展开竞争，从而出现竞相提升环境治理水平的现象。该结论与张文彬等（2012）的实证研究结果相似。

表5.2　　　　　　　　　　不同门限变量的回归结果

	（1）	（2）	（3）	（4）
门限变量	*fd*1	*def*	*rgdp*	*rpol*
*fd*1	0.0189 (1.3658)	0.0223 (1.6102)	0.0200 (1.4430)	0.0256 * (1.8527)
*fd*2	0.2148 *** (3.9098)	0.2193 *** (4.0079)	0.1769 *** (3.2300)	0.1668 (3.0792)
pgdp	0.2405 *** (17.2967)	0.2419 *** (17.3814)	0.2354 *** (16.7438)	0.2373 *** (17.0663)
ind	− 0.3956 *** (− 5.2115)	− 0.3832 *** (− 5.0542)	− 0.3193 *** (− 4.1279)	− 0.3649 *** (− 4.8191)
densy	0.0127 (0.8405)	0.0091 (0.6034)	0.0158 (1.0363)	0.0163 (1.0816)
kl	0.0357 *** (4.5464)	0.0330 *** (4.2097)	0.0324 *** (4.1133)	0.0360 *** (4.5954)
ur	0.0838 (1.1627)	0.1022 (1.4200)	0.0910 (1.2589)	0.0846 (1.1773)
rse	0.0783 *** (7.6124)	0.0832 *** (8.2587)	0.0711 *** (7.1064)	0.0709 *** (7.1643)
*pfdi*_ 1	0.0151 ** (2.0498)	− 0.0191 *** (− 2.6371)	0.0128 ** (2.1334)	0.0076 * (1.8591)
*pfdi*_ 2	0.0356 *** (4.3106)	− 0.0039 (− 1.0152)	− 0.0027 (− 0.7084)	− 0.0050 (− 1.2723)
*pfdi*_ 3	− 0.0025 (− 0.5947)	0.0100 * (1.7554)	− 0.0209 *** (− 3.8909)	− 0.0165 *** (− 3.7140)
*pfdi*_ 4	− 0.0113 *** (− 2.6553)	0.0296 *** (4.6800)	0.0014 (0.1657)	− 0.0404 *** (− 3.1508)

注：*、**、*** 分别表示在10%、5%、1% 水平上显著，P 值和临界值均采用 Bootstrap 反复抽样 1000 次得到的结果；（）内为 T 值。

就目前而言，中国环境治理责任主要在地方政府，而中央政府负责制定环境标准，根据环境治理效果、经济发展状况考核评价地方政府，以激励地方政府完成既定目标。因此，要想有效治理环境，需要有合理的治理责任分配机制，并配之以合理的考核评价指标，引导地方政府间形成"良性竞争"。基于此，本章采用门限回归实证研究了地方政府竞争对环境治理的动态影响。以事权、考核评价指标作为门限变量，研究两者如何使地方政府竞争对环境治理发挥作用。研究发现：（1）关于治理责任分配。随着事权的增加，地方政府竞争对环境治理的影响呈现先正后负的倒"U"形。这说明，过高的事权使地方政府有了权力，从某种程度上说，过多的治理责任使地方政府竞争更偏向于经济这类"硬约束"，环境治理效果不尽人意也在意料之内。这也不难理解为什么分权本身没有不利于环境治理，而与地方政府竞争结合就有负向影响。进一步，只有权责匹配才能够使地方政府竞争对环境治理产生正向影响，因为财政赤字占 GDP 比例过大使地方政府竞争对环境规制产生负向影响。当赤字规模维持在一定范围内（占 GDP 比例小于 1.55%），地方政府竞争能够利于环境治理，过多的财政赤字（超过 16.5%）更加激励地方政府为填补"缺口"而快速发展经济，降低环境门槛成为保证经济发展的重要手段。（2）关于考核评价指标，虽然为地方政府竞争提供了目标，但是经济与环境两个考核评价指标也会使地方政府竞争对环境治理的影响有所变化。综合来看，经济增长速度越快，地方政府竞争越不利于环境治理水平提升，而环境指标与之不同，污染物排放增长越慢，地方政府竞争越利于环境治理水平提升。这说明，如果中央政府对环境保护的要求较高，地方政府竞争将围绕环保展开，最终对环境治理产生有利影响。

总之，本章的实证结果证明，只有合理的治理责任分配和合理的考核评价指标才利于地方政府间形成"良性竞争"，从而利于环境治理。

第六章 治理责任分配、考核评价指标与地方政府间环境治理的策略互动

第五章已经论及治理责任分配和考核评价指标对环境治理的影响，这部分则进一步分析地方政府在环境治理方面的互动过程，治理责任分配和考核评价指标如何影响地方政府间的互动关系。

第一节 地方政府间策略互动的过程

一 地方政府间的竞争关系

本章将地方政府间环境治理策略互动的动机、机制、行动和结果四个方面纳入统一框架，对环境治理的策略互动进行阐释（见图 6.1）。策略互动的动机包括"搭便车"、资源的竞争。策略互动的机制有"溢出效应"[①] 和"竞争效应"[②] 两种理论解释。策略互动的行动包括"策

---

① "溢出效应"综合了张文彬等（2010）和尹恒、徐琰超（2011）对"溢出效应"的界定。张文彬等（2010）认为环境污染物具有跨界效应，因此存在"溢出效应"，结合分权体制这一中国现实和地方政府"搭便车"的动机，得到"逐底竞争"的结论。尹恒和徐琰超（2011）认为，正外部性使某地区公共支出对周边地区产生正向"溢出效应"，那么周边地区的该项支出会相应减少，两个地区公共支出呈现负相关。总结来看，就环境治理而言，前者的"溢出效应"是污染物的溢出，后者的"溢出效应"指环境治理支出的溢出。

② "竞争效应"的定义在不同文献中存在一定差异，尹恒和徐琰超（2011）认为，"竞争效应"使同省辖区内政府相互模仿和攀比；张文彬等（2010）将环境治理竞争机制理论解释为"溢出效应"和经济"竞争效应"，后者指的是地方政府为保障本地厂商的竞争优势或吸引企业进入，会通过降低环境治理强度来降低企业成本。综合来看，就环境治理而言，"竞争效应"指的是地方政府间围绕某个目标而展开"模仿"的策略互动行为，分为"逐顶竞争"和"逐底竞争"。另外，严格来说，污染物的"溢出效应"不是策略互动，但是它是策略互动的前提之一，会导致环境治理支出的策略互动，进而影响策略互动的结果。

互补型支出竞争"和"策略替代型支出竞争"。策略互动结果归结为两类:"差别化竞争"和"模仿性竞争"。

地方政府间环境治理策略互动行为是中国环境政策执行的一个重要特征,这可以追溯到地方政府竞争理论(张华,2016)。结合李涛和周业安(2009)、张文彬等(2010)、尹恒和徐琰超(2011)、张可等(2016)的经验研究,环境治理策略互动的行动可以划分为四类:一是一方环境治理支出降低,另一方环境治理支出也降低的行为;二是一方环境治理支出增加,另一方环境治理支出也增加的行为;三是一方环境治理支出减少,另一方环境治理支出增加的行为;四是一方环境治理支出增加,另一方环境治理支出减少的行为。第一类和第二类合称"策略互补型支出竞争",第三类和第四类合称为"策略替代型支出竞争"。相应地,环境治理绩效也可根据环境质量是否改善划分为四种形态,作为这四类策略竞争行动的结果:第一类行动的结果是一方放松环境治理,另一方也随之放松规制,称为"逐底竞争(Race to the bottom)",是一种"恶性竞争";第二类行动的结果为一方加强环境治理,另一方也随之加强规制,称为"逐顶竞争(Race to the top)",是一种"良性竞争";第一类和第二类结果合称"模仿性竞争"形态。第三、四类行动结果是一方加强和放松环境治理,另一方采取相反行动,合称"差别化竞争"形态。现有研究大多集中在验证是否存在"逐顶竞争"或"逐底竞争",朱平芳等(2011)、赵霄伟(2014)的研究均发现,中国各省区市和各地级市间的环境治理行为均呈现"逐底竞争"的特征。但是也有研究表明,随着2003年后科学发展观实践的不断深入和环境保护考核制度的调整和强化,环境治理的省际竞争行为开始呈现模仿性趋优(张文彬等,2010)。

二 从竞争动机到竞争结果

"溢出效应"源于污染物和污染治理空间溢出带来的负外部性和正外部性:一方面,一个地区的环境污染会增加邻近地区的污染;另一方面,环保投入作为公共品具有明显外溢效应,本地环保投入增加会使相邻地区环境受益。出于"搭便车"动机，地方政府享受邻近地区外溢型公共品的好处，因此会出现两种现象：一方增加环境治理支出的同时，另一方减少环境治理支出的互动行为，也可称其为"策略替代型的支出竞争"（李涛、周业安，2009），策略互动结果为"差别化竞争"；一方减少环境治理支出，另一方也会减少环境治理支出（张文彬等，2010），呈现策略"互补型的支出竞争"，策略互动结果为"逐底竞争"。总之，基于"溢出效应"的结果为"差别化竞争"或"逐底竞争"的策略互动形态。

"竞争效应"主要基于资源的竞争考虑，其逻辑包括两个方面：一方面，环境治理提升可能导致企业的成本增加，进而弱化该地区企业的竞争力，地方政府为保证本地企业的竞争优势或为吸引更多的资源流入以促进本地经济发展，会竞相降低环境治理门槛。这样，地方政府间呈现"策略互补型支出竞争"，从而呈现"逐底竞争"的策略互动结果。"竞争效应"的理论解释建立在企业利润、企业区位选择与环境治理强度的关系上。有学者从国际贸易流向出发，研究环境治理是否影响到工业品出口、污染密集型产品出口或者企业国际竞争力（Copeland 和 Taylor，1994；Arouri 等，2012）。也有学者研究环境治理对企业选址的影响，Becker 和 Henderson（2000）认为严格的规制会减少新建污染企业个数，同时这种筛选还会使清洁部门得以发展；List 等（2003）验证了严格的环境治理减少了一个地区污染密集型企业个数。于是，"竞争效应"的这一逻辑构成了环境治理"逐底竞争"假说的解释。另一方面，"竞争效应"可能会围绕环境保护展开，因此会呈现"逐顶竞争"的策略互动结果，同样基于资源的竞争，如果地方政府认为环境保护更加重要，或者企业污染程度的筛选有助于提升地区经济的整体竞争优势，那么地方政府会强化环境治理强度。总结来看，基于"竞争效应"的结果为"模仿性竞争"。

一般而言，我们更关心的是怎样才能使地方政府间环境治理"逐底竞争"的潜在动机转化为"逐顶竞争"的"良性竞争"。从现有研究来看，地方政府间环境治理"逐顶竞争"的实现，存在"自下而上"和"自上而下"两类竞争激励机制，这主要源于不同政治体制下政府治理逻辑。前者是"用手投票"和"用脚投票"机制，即通过"自下而上的标尺竞争"提高生态产品和服务的供给水平，如 Vogel（1997）提出的"加利福尼亚榜样效应"。在西方联邦制国家，联邦政府赋予了地方政府政策制定和执行的权力（Sigman，2003）。在这一逻辑体系中，地方政府是代理人，选民是委托人，居民比较周围辖区的政策效果，来判断本辖区政府的能力，进而决定本地政府官员是否连任，地方政府以周围辖区政策作为基准，制定本地区的政策（Besley 和 Case，1995）。因此，政府的环境治理行为会出现这种"模仿性竞争"。"自上而下"的激励竞争机制主要源于垂直的政治体系下，地方政府是对上级政府负责的，因此基于上级政府评价，形成了"自上而下的标尺竞争"（王永钦等，2007），同样会出现"模仿性竞争"的策略互动。此时，地方政府主要考虑中央政府的考核评价指标，而不是居民真实偏好（傅勇，2008），公众的"用手投票"很难对地方政府形成约束；严格的户籍制度限制人口迁移（傅勇，2008），"用脚投票"机制很难发挥作用。这意味着，两者对环境治理的贡献相对较小。

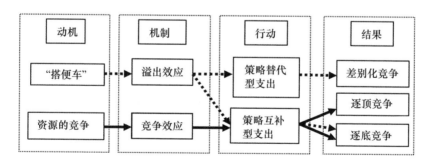

图 6.1　地方政府间策略互动逻辑

具体到中国现实，地方政府间策略互动的激励主要来源于考核评价指标，如 GDP 考核机制（周黎安，2004）。地方政府以中央政府制定的考核评价指标为目标展开竞争。第一，经济绩效诉求会弱化地方环境管制标准，从而损害地区的环境质量；第二，环境绩效诉求有相反的效果，随着中央政府不断强化环境保护考核，地方官员推进环保工作的内在激励增强，利于环境质量的提升。

三　理论假说的提出

地方政府为完成目标，根据竞争对手行为，选择性执行中央政府的环境政策，体现为地方政府间环境治理投入的策略互动，最终导致环境治理绩效的策略互动。随着环境问题日益严峻，环境绩效考核逐渐成为考核评价指标的主要内容。在加入环境绩效目标后，地方政府开始在环境绩效和经济绩效间权衡决策。一方面，环境绩效考核会降低"溢出效应"对环境治理的负向影响，增加"竞争效应"的正面影响，进而弱化"逐底竞争"，增加"逐顶竞争"的影响。另一方面，经济绩效考核指标对环境治理策略互动有相反作用，容易强化"溢出效应"和"竞争效应"的负面影响，进而强化"逐底竞争"，弱化"逐顶竞争"。也有研究发现，虽然考核评价指标对环境质量的重视程度在上升，甚至出现"一票否决"的现象，但是放眼全国，中央政府的考核评价指标依然以经济指标为主，当面临诸多考核目标时，经济状况是首要的（冉冉，2013）。这也意味着地方政府策略互动是否是向着"良性竞争"方向发展，取决于对这两种考核评价指标的要求。

根据以上相关解释，本章提出理论假说6.1：**考核评价指标体系的绿色化有助于地方政府间环境治理的良性竞争。**

周黎安（2014）引入了"行政发包制"这一新概念。"行政发包制"有三大特征：内部控制、行政权的分配与经济激励，这直接影响地方政府环境治理的策略互动。关于内部控制，中国长期沿用"属地管理"模式，上级下达的任务指标往往以结果为主，这意味着上级政府根据治理结果验收考核地方政府的环境保护工作。在行政权分配上，环境治理与许多中国其他公共服务类似，治理任务发包给地方政府，地方政府可决定用于环境治理的财政支出，也可以决定环境治理门槛。事实上，内部控制权和行政权反映了治理责任即事权的分配，即地方政府拥有哪些治理责任。在经济激励方面，"行政发包制"总体表现为承包人拥有一定的剩余索取权，这给予承包人以经济激励，在这种体制下，地方政府倾向于通过提高经济增长速度来获得更高的财政收入，也倾向于以环境为代价来发展经济。由此可见，"行政发包制"使地方政府拥有了较多的事权以及财权的激励，这影响到地方政府的环境治理行为。

以上关于"行政发包制"的讨论依赖于中国式分权的深层逻辑。一是治理责任成为地方政府考核评价指标完成的支撑，如果考核评价指标是环境绩效，那么拥有更多治理责任的地方政府将有更多的权力来进行环境治理，其"逐底竞争"的策略互动将变弱，"逐顶竞争"增强。二是地方政府本身就具有获得财政收入的"经济激励"，如果考核评价指标更注重环境绩效，那么财力较为充足的地区一方面将有资金用于环境治理，另一方面将弱化为获得财政收入而快速发展经济的现象，从而强化"逐顶竞争"，弱化"逐底竞争"。若考核评价指标体系强调经济绩效，具有较多财权的地方政府更加倾向于经济增长，这将强化"逐底竞争"，弱化"逐顶竞争"的环境治理策略互动。

本章提出理论假说6.2：**治理责任分配、财权分配影响考核评价指标与地方政府间环境治理策略互动的关系。**

第二节　地方政府间竞争与环境治理的关系验证

一　模型设计

一般的静态面板数据模型，如固定效应模型、随机效应模型等，以及动态面板数据模型，如差分广义矩估计、系统广义矩估计等模型，均无法反映空间关联性。借鉴黄寿峰（2016）的研究方法，建立空间杜宾模型（Spatial Lag Model，SDM），不仅有效解决了被解释变量的空间关联性，也能解决变量内生性问题和空间自回归问题。就回归方法而言，采用OLS估计空间模型是有偏的，也是不一致的，本章采用极大似然估计方法（MLE）对SDM模型进行估计。

空间杜宾模型设定如下：

$$S_{it} = \lambda WS + X\beta + WX\delta + \mu_i + \eta_t + \varepsilon \tag{6.1}$$

为验证两个假说，借鉴张华（2016）引入交叉项的思路，在式

（6.1）基础上先后引入考核评价指标与环境治理空间滞后项的交叉项，考核评价指标、事权、财权与环境治理空间滞后项的交叉项，空间计量模型变为：

$$S_{it} = \alpha + \rho WS + \lambda_1 rgdp_{it}WS + \lambda_2 rpol_{it}WS + \theta WX\delta + X\beta + \mu_i + \eta_t + \varepsilon_{it}$$

$$(6.2)$$

$$S_{it} = \alpha + \rho WS + \lambda_1 rgdp_{it}WS + \lambda_2 rpol_{it}WS + \lambda_3 rgdp_{it}fd_{it}WS + \lambda_4 rpol_{it}fd_{it}WS + \theta WX\delta + X\beta + \mu_i + \eta_t + \varepsilon_{it}$$

$$(6.3)$$

其中，S 代表环境治理水平，W 是空间权重矩阵，$rgdp$ 表示经济绩效指标，$rpol$ 代表环境绩效指标，fd 是事权或财权，X 为其他控制变量。μ_i、η_t 分别表示时间固定效应和个体固定效应。若区分"溢出效应"和"竞争效应"，需要从权重矩阵设定入手，借鉴尹恒和徐琰超（2011）的研究，前者用地理相邻矩阵表示，后者用行政相邻矩阵表示。虽然这种设定无法完全分离"溢出效应"和"竞争效应"，但是从理论上讲，"溢出效应"在地理相邻的地区间较强，而"竞争效应"则不同，在政治集权和经济分权体制下，同一省份内地级市政府间展开标尺竞争，这样同省地级市间环境治理存在竞争。据此，定义地理邻接矩阵和行政邻接矩阵如下：

$$\begin{cases} w_{ij} = 1，如果 i 和 j 地理接壤； \\ w_{ij} = 0，其他。 \end{cases}$$

$$(6.4)$$

$$\begin{cases} w_{ij} = 1，如果 i 和 j 属于同一省份； \\ w_{ij} = 0，其他。 \end{cases}$$

$$(6.5)$$

以上是设定 0 - 1 矩阵来区分"溢出效应"和"竞争效应"，其假设是相邻城市或者同一省份内城市的空间距离为1。严格地说，公式（6.4）更能反映"溢出效应"，公式（6.5）较大程度上体现"竞争效应"。为进一步区分不同城市间的地理距离和经济距离，我们借鉴邵朝对等（2016）、邵帅等（2016）对空间权重矩阵的赋值方法，分别采用地理距离矩阵和经济距离矩阵来反映"溢出效应"和"竞争效应"。我们构建地理距离矩阵，采用 w_{ij} 表示城市 j 到城市 i 的距离，根据相应的城市中心坐标利用 Stata 软件 Geodist 命令运算得到。我们还构建了经济意义下的经济距离权重矩阵，其元素 w_{ij} 用 i 区域人均 GDP 年均值与 j 区域人均 GDP 年均值绝对差值的倒数表示。所有空间权重矩阵均做行标准化处理。

数据来源于 2003—2014 年中国 272 个地级市的面板数据，所需数据来自各年度《中国城市统计年鉴》，涉及价格指数的指标均以 2002 年为基期进行平减。另外，因拉萨等城市数据缺失严重，本章将其从样本中剔除。本章主要被解释变量是环境治理，主要解释变量为考核评价指标、治理责任分配和财权分配。

二　变量选择①

1. 环境治理指标

因城市层面废水排放达标量、工业粉尘去除率数据缺乏，且 2011 年后工业粉尘去除率指标统计口径有所变化，本章选择 SO_2 去除率衡量环境治理绩效，这能说明环境治理尤其是双向溢出性较强的污染物治理的策略互动。此外，五年规划中，约束性或者预期性目标针对的污染物主要是 SO_2 等，对工业烟尘等污染物的关注度较低，相关研究也发现，规制之外的污染物排放受环境治理影响不大（Chen 等，2016），本章选择 SO_2 去除率作为环境治理绩效指标也可实证研究规制之内环境治理的互动状况。

2. 其他变量

参考以往学者的研究，控制变量主要包括：（1）人均收入（pgdp）及其二次项；（2）财政赤字（def），采用财政支出减去财政收入的差额除以 GDP 衡量；（3）人口密度（ln dp），用单位平方公里人数取对数代表；（4）产业结构（ind），产业结构的表示方法为第二产业增加值除以 GDP；（5）外商直接投资（fdi），外商直接投资采用实际利用外商直接投资与 GDP 之比衡量；（6）人均科技支出（lnst），一般科技

---

① 考核评价指标、治理责任指标和财权指标同第五章。

水平较高的地区，生产技术和治污技术水平较高，那么环境治理绩效也较好。

第三节　考核评价指标对地方政府环境
治理策略互动的影响

一　环境治理的空间关联性分析

在对空间杜宾模型进行计量回归之前，我们采用 ESDA 中的全域空间关联性指数进行检验（Kanaroglou 等，2013；黄寿峰，2017）。全域空间关联性通常采用 Moran's I 指数进行测度，其计算公式为：

$$I = \left[n \sum_{i=1}^{n} \sum_{j=1}^{n} w_{ij}(x_i - \bar{x})(x_j - \bar{x}) \right] / \left[\sum_{i=1}^{n} \sum_{j=1}^{n} w_{ij} \sum_{i=1}^{n} (x_i - \bar{x})^2 \right] \quad (6.6)$$

其中 n 表示中国 271 个地级市，w_{ij} 为空间权重，x_i 和 $\bar{x}$ 分别为 SO_2 去除率及其城市层面的均值。

全域空间关联性检验结果如表 6.1 所示。从中可见，无论是采用地理邻接矩阵、行政邻接矩阵还是地理距离矩阵，在绝大多数年份，Moran's I 统计量的值均为正数，且在 1% 的显著性水平下为正数。这表明，中国城市间环境治理行为存在明显的正相关。由此可见，在分析考核评价指标对环境治理的影响时，考虑空间关联性十分必要。

表 6.1　　环境治理的全域空间关联性检验结果（Moran's I 指数）

年份	地理邻接	行政邻接	地理距离
2004	0.077 ** （2.087）	0.036 * （1.692）	0.011 * （1.736）
2005	0.056 （1.541）	0.024 （1.193）	0.011 * （1.699）
2006	0.127 *** （3.400）	0.069 *** （3.111）	0.019 *** （2.615）
2007	0.138 *** （3.671）	0.087 *** （3.840）	0.023 *** （3.151）
2008	0.155 *** （4.118）	0.090 *** （3.992）	0.024 *** （3.253）
2009	0.154 *** （4.082）	0.174 *** （7.556）	0.037 *** （4.793）
2010	0.173 *** （4.572）	0.173 *** （7.501）	0.030 *** （3.897）
2011	0.078 ** （2.105）	0.074 *** （3.293）	0.015 ** （2.180）

续表

年份	地理邻接	行政邻接	地理距离
2012	0.006（1.076）	− 0.009（− 0.892）	− 0.004（0.036）
2013	0.027（1.071）	0.036 **（2.268）	0.011 **（2.321）
2014	0.176 ***（4.936）	0.102 ***（4.764）	0.028 ***（3.866）

资料来源：笔者根据 stata13.0 软件的结果计算。

二　环境治理策略互动的机制分析

我们采用极大似然估计函数法对模型（6.2）进行回归，为避免不随时间变化的个体差异和时间趋势因素影响回归结果的有效性，我们固定了个体效应和时间效应。策略性互动结果的验证结果如表 6.2 所示。

第（1）—第（4）列的空间权重矩阵分别为地理邻接矩阵、行政邻接、地理距离和经济距离矩阵，反映的是"溢出效应"和"竞争效应"机制下的策略互动结果。从中可以看到，Moran 检验表明空间关联性有存在的可能性，而且 LM 检验均在 1% 的显著性水平上拒绝原假设，表明空间杜宾模型的选择较为合理。WS 的系数估计值在 5% 显著水平上均为正，说明中国城市间环境治理存在空间上的策略互动，为"模仿性竞争"。其原因可能为两个：第一，污染物的溢出性以及污染治理支出的溢出性，最终导致"逐底竞争"，而大量研究也发现了这种现象（Lipscomb 和 Mobarak，2017；黄寿峰，2017）；第二，考核评价指标越来越重视环境，在此基础上，地方政府间可能围绕节能减排展开竞争，从而出现"逐顶竞争"的策略互动。然而，在经济增长这一"硬约束"下，面对经济增长和环境治理的权衡，大部分地方政府选择前者。这样，地方政府间环境治理可能出现"模仿性竞争"。

总结来看，表 6.2 的研究结果显示，中国城市政府间环境治理具有"模仿性竞争"的特征。从"溢出效应"来看，地方政府间可能存在环境治理的"逐底竞争"互动，从"竞争效应"来看，地方政府环境治理存在"模仿性竞争"的行为。两种效应结合，最终呈现"模仿性竞争"

现象。考虑考核评价指标的作用，以下部分将着重考察经济绩效指标和
环境绩效指标对环境治理策略互动的影响。

表6.2　　　　　　　　　　　环境治理策略互动的回归结果

变量	（1）地理邻接	（2）行政邻接	（3）地理距离	（4）经济距离
WS（ρ）	0.219 ** （2.57）	0.323 *** （2.87）	0.754 *** （5.51）	0.265 ** （2.30）
$pgdp$	−0.005 （−0.04）	0.000 （0.00）	−0.076 （−0.76）	−0.005 （−0.04）
$pgdp^2$	0.011 （1.55）	0.009 （1.32）	0.008 （1.50）	0.010 （1.45）
def	−0.179 （−0.62）	−0.065 （−0.25）	0.365 （1.36）	−0.154 （−0.57）
$lndp$	0.037 *** （3.17）	0.036 *** （3.07）	0.025 ** （2.11）	0.044 *** （3.29）
ind	−0.294 *** （−2.69）	−0.232 * （−1.89）	−0.165 （−1.48）	−0.274 ** （−2.30）
fdi	−1.515 *** （−3.94）	−1.285 *** （−3.09）	−0.670 * （−1.72）	−1.555 *** （−4.07）
$lnst$	0.017 （0.91）	0.008 （0.49）	−0.021 （−1.25）	0.014 （0.84）
常数项	−0.720 （−1.08）	−0.688 （−1.01）	0.008 （0.02）	−0.717 （−1.06）
固定地区	是	是	是	是
固定时间	是	是	是	是
Moran test	0.130 ***	0.098 ***	0.016 ***	0.115 ***
LM test	18.870 ***	23.902 ***	24.943 ***	35.813 ***
N	2992	2992	2992	2992
R^2	0.119	0.126	0.137	0.120

注：*、**、*** 分别表示在10%、5%、1% 水平上显著；（） 内为 t 统计量。

三　考核评价指标对环境治理策略互动的影响

在模型（6.2）基础上，模型（6.3）引入环境绩效指标与空间
滞后因子的交叉项、经济绩效指标与空间滞后因子的交叉项。同样
的，我们采用极大似然估计方法估计了模型（6.2），固定个体效应
和时间效应，结果如表6.3所示。第（1）—第（4）列显示，SO_2 排
放增长率与 SO_2 去除率空间滞后因子的交叉项系数（λ_2）在10%的水平
下显著为负数，说明环境绩效指标使地方政府间环境治理出现"差别化
竞争"，弱化了"逐底竞争"。如果排放增长率为负数，那么交叉项系数
与其空间滞后因子之积为正，从理论上讲，说明对污染物减排的要求较

为严格时，出现"逐顶竞争"的现象。经济绩效指标则相反，$rgdp \times WS$ 的系数 λ_1 在四列均为负数，说明对经济增长率要求提高，中国城市间环境治理将出现"差别化竞争"的现象，而"逐顶竞争"被弱化。从某种意义上讲，考核评价指标放松对环境质量的要求不仅降低了本地区环境治理的积极性，且对周围地区环境治理行为也产生负面影响，这种现象严重影响了环境政策在全国范围内的有效执行。

至此，假说 1 得以验证：严格的环境绩效指标弱化了中国城市间环境治理的"逐底竞争"策略互动，强化了"逐顶竞争"的策略互动。经济绩效指标则削弱了城市间"逐顶竞争"的策略互动。

表 6.3　　　　考核评价指标对地方政府策略互动影响的回归结果

变量	（1）地理邻接	（2）行政邻接	（3）地理距离	（4）经济距离
WS（ρ）	0.376 *** (5.92)	0.548 *** (9.08)	0.873 *** (14.41)	0.406 *** (6.08)
$rgdp * WS$（λ_1）	− 2.273 *** （− 3.93）	− 3.620 *** （− 5.32）	− 5.761 *** （− 5.66）	− 2.232 *** （− 3.42）
$rpol * WS$（λ_2）	− 0.010 ** （− 2.05）	− 0.018 *** （− 3.20）	− 0.029 * （− 1.82）	− 0.012 *** （− 3.48）
$pgdp$	− 0.198 ** （− 2.38）	− 0.192 *** （− 2.58）	− 0.204 ** （− 2.20）	− 0.195 ** （− 2.20）
$pgdp^2$	0.013 *** (3.30)	0.012 *** (3.40)	0.011 ** (2.54)	0.013 *** (2.94)
def	− 0.171 ** （− 2.35）	− 0.132 * （− 1.85）	0.007 (0.09)	− 0.162 ** （− 2.16）
$\ln dp$	0.010 (1.35)	0.009 (1.26)	0.005 (0.79)	0.010 (1.34)
ind	− 0.248 *** （− 4.53）	− 0.210 *** （− 4.26）	− 0.183 *** （− 3.39）	− 0.279 *** （− 4.23）
fdi	− 0.888 *** （− 5.61）	− 0.776 *** （− 4.85）	− 0.566 *** （− 3.37）	− 0.916 *** （− 5.87）
$\ln st$	0.009 * (1.82)	0.010 ** (1.96)	0.008 (1.15)	0.009 * (1.66)

变量	（1）地理邻接	（2）行政邻接	（3）地理距离	（4）经济距离
常数项	0.746 * (1.78)	0.771 ** (2.06)	0.962 ** (2.09)	0.748 * (1.71)
固定地区	是	是	是	是
固定时间	是	是	是	是
Moran test	0.143 ***	0.107 ***	0.025 ***	0.130 ***
LM test	14.022 ***	22.899 ***	16.270 ***	19.711 ***
N	2992	2992	2992	2992
R^2	0.869	0.871	0.874	0.870

注: * 、 ** 、 *** 分别表示在 10% 、 5% 、 1% 水平上显著； （ ） 内为 t 统计量； $rpol \times WS$ 、 $rgdp \times WS$ 分别代表环境绩效指标与空间滞后因子的交叉项、经济绩效指标与空间滞后因子的交叉项。

四　考核评价指标、治理责任分配对环境治理策略互动的影响

前文验证的是考核评价指标对地方政府间环境治理策略互动的影响，除此之外，考核评价指标与治理责任分配相结合也对地方政府间环境治理的策略互动产生影响。我们引入环境绩效指标、分权与空间滞后因子的交叉项，经济绩效指标、分权与空间滞后因子的交叉项加以验证，如模型（6.3）所示。其中，$fd1 \times rpol \times WS$、$fd2 \times rpol \times WS$、$fd1 \times rgdp \times WS$、$fd2 \times rgdp \times WS$ 分别是环境绩效指标、事权与空间滞后因子的交叉项，环境绩效指标、财权分权与空间滞后因子的交叉项，经济绩效指标、事权分权与空间滞后因子的交叉项，经济绩效指标、财权分权与空间滞后因子的交叉项。我们同样采用极大似然估计方法对基于空间杜宾模型的公式（6.3）进行估计，结果如表6.4所示。

（1）环境绩效指标、治理责任分配（事权）、财权对中国城市环境治理策略互动的影响

第一，通过事权分权的影响。表6.4第（1）—第（4）列是对模型（6.3）的回归结果，$fd1 \times rpol \times WS$ 的系数 λ_{41} 为负，但是以地理距离为空间权重矩阵的结果是不显著的。这种负向影响说明，如果提升对污染

物减排的要求（即 $rpol$ 较小甚至为负数），并给予地方政府越多事权，地方政府间的"逐底竞争"会弱化，出现"差别化竞争"，甚至"逐顶竞争"的策略互动。从"溢出效应"来看，环境治理作为溢出性较强的公共服务，地方政府本身就倾向于"搭便车"，若中央将过多的事权分配给地方，将加剧"溢出效应"的不利影响。在此基础上，考核评价指标体系重视环境绩效，其与事权的结合将使地方政府"搭便车"行为弱化。从"竞争效应"来看，地方政府拥有了更多环境治理的事权后，将具有更多的行政权力来就中央政府制定的考核评价指标展开竞争。若中央政府加强对环境质量的要求，那么地方政府竞争的目标将变为环境质量，因此"逐顶竞争"的策略互动将得以强化。由此可见，环境绩效考核加强并加之较多的治理责任将使地方政府间"逐底竞争"弱化，"逐顶竞争"加强。

第二，通过财权分权的影响。$fd2 \times rpol \times WS$ 的系数 λ_{42} 在第（1）—第（4）列在10%的显著水平上为正数。这说明，如果提升对污染物减排要求并给予地方政府较多财权激励，那么"逐底竞争"将得以弱化。从"溢出效应"来看，这种结果意味着，在强调环境绩效的同时若给予地方政府更多财权，会减弱"逐底竞争"的策略互动。中央与地方财权的分配原则使财政预算这一"经济激励"成为地方政府迅速发展经济的动力，而环境治理将成为地方政府发展经济的工具。考核评价指标重视环境质量将弱化"经济激励"对环境治理的负面影响，从而减少"溢出效应"的不利影响。从"竞争效应"来看，考核评价指标增强对环境质量的要求后，地方政府的"经济激励"会减小，从而使"竞争效应"的负面影响降低，即"逐底竞争"的策略互动。无论从哪一角度解释，总结来看，经济激励使地方政府获得了较多的财权，若配之以严格的环境考核评价指标，这将使"逐底竞争"减弱。

（2）经济绩效指标、治理责任分配（事权）、财权对中国城市环境治理策略互动的影响

第一，通过事权分权的影响。$fd1 \times rgdp \times WS$ 的系数 λ_{31} 在表6.4的第（1）—第（3）列中均在10%水平上显著为负数。这种结果说明，

经济绩效指标与事权相结合使竞争模式出现"差别化竞争",从而不利于环境治理向"逐顶竞争"的方向发展。从"溢出效应"来看,考核评价指标若更侧重经济,并赋予地方政府更多的环境治理行政权,地方政府将越倾向于环境治理的"搭便车",从而将更多的精力投入到经济增长中。那么"差别化竞争"的策略互动将愈演愈烈。从"竞争效应"来看,经济绩效指标与事权的结合削弱了"逐顶竞争"策略互动的积极影响,不利于中国城市环境治理向"良性竞争"的方向发展。上文已经说明,经济分权以及 GDP 为主的考核评价指标体系对地方官员发展 GDP 形成了强有力激励。由此可以得到结论,在 GDP 指标的激励下,更多的事权将激励地方政府间就 GDP 展开竞争,这削弱了地方政府间"逐顶竞争"的策略互动。总结来看,经济绩效指标与较多治理责任的结合不利于环境政策的有效执行。

第二,通过财权分权的影响。$fd2 \times rgdp \times WS$ 系数 λ_{32} 与 λ_{31} 的符号不同,在表 6.4 的所有方程中,λ_{32} 的系数在 10% 显著性水平上为正数,这意味着,经济绩效的追求加之较多的财权将导致"模仿性竞争",结合理论部分分析,对这一结果有进一步的解释。从"溢出效应"看,经济绩效指标结合财政使地方政府倾向于环境治理的"搭便车",环境治理将会被忽视,以至于地方政府将其作为工具,不断降低环境治理门槛来发展经济,这将导致"逐底竞争"的策略互动。从"竞争效应"出发,回归结果说明,经济绩效指标通过财权对中国城市间环境治理策略互动产生"逐底竞争"的影响。GDP 为主的考核评价指标体系本身就激励地方政府发展 GDP,而财权这一"经济激励"使地方政府更加有动力就 GDP 增长展开竞争。然而这一"竞争效应"激励中国城市间展开"逐底竞争"的策略互动。至此,假说 2 得以验证。

总结来看,考核评价指标重视环境绩效且配之较多的治理责任,则中国城市间"逐底竞争"的策略互动弱化、"逐顶竞争"的策略互动得以增强。与此同时,若配之以较多的财权,也会弱化"逐底竞争"的策略互动。若过于重视经济指标,效果则相反。要想提高环境治理绩效,中央政府可将环境治理任务"发包"给地方政府的同时,并严格执行其"奖惩承诺";如果给予地方政府更多的治理责任和财权,考核评价指标要加强对环境治理的要求。

表6.4　考核评价指标通过分权对城市间环境治理的策略互动的影响

变量	(1) 地理邻接	(2) 行政邻接	(3) 地理距离	(4) 经济距离
WS (ρ)	0.370 *** (5.96)	0.527 *** (8.47)	0.806 *** (9.28)	0.395 *** (5.96)
$rgdp \times WS$ (λ_1)	− 2.656 *** (− 5.77)	− 3.965 *** (− 8.90)	− 6.175 *** (− 5.88)	− 2.597 *** (− 4.86)
$rpol \times WS$ (λ_2)	− 0.032 ** (− 2.19)	− 0.045 *** (− 2.61)	− 0.115 * (− 1.79)	− 0.048 ** (− 2.57)
$fd1 \times rgdp \times WS$ (λ_{31})	− 1.494 ** (− 2.04)	− 1.568 *** (− 2.58)	− 2.393 (− 1.45)	− 0.882 (− 1.12)
$fd2 \times rgdp \times WS$ (λ_{32})	5.640 *** (2.75)	6.139 *** (2.83)	9.611 * (1.92)	5.390 *** (2.64)
$fd1 \times rpol \times WS$ (λ_{41})	− 0.031 ** (− 2.37)	− 0.046 ** (− 2.03)	− 0.103 (− 1.55)	− 0.003 (− 0.14)
$fd2 \times rpol \times WS$ (λ_{42})	0.152 ** (2.09)	0.209 ** (2.41)	0.515 (1.62)	0.191 (1.53)
$pgdp$	− 0.445 *** (− 3.21)	− 0.414 *** (− 3.21)	− 0.409 *** (− 2.68)	− 0.361 *** (− 2.59)
$pgdp^2$	0.028 *** (3.94)	0.025 *** (3.82)	0.023 *** (3.00)	0.023 *** (3.12)
def	− 0.016 (− 0.23)	0.018 (0.24)	0.169 * (1.69)	− 0.027 (− 0.36)
$lndp$	0.013 ** (2.16)	0.010 * (1.76)	0.008 (1.30)	0.013 ** (2.00)
ind	− 0.312 *** (− 5.45)	− 0.245 *** (− 4.52)	− 0.234 *** (− 3.80)	− 0.345 *** (− 5.25)
fdi	− 0.591 *** (− 3.35)	− 0.485 *** (− 2.60)	− 0.297 (− 1.49)	− 0.691 *** (− 3.96)
$lnst$	− 0.009 (− 1.24)	− 0.006 (− 0.82)	− 0.007 (− 0.77)	− 0.008 (− 1.07)
常数项	1.793 *** (2.68)	1.718 *** (2.77)	1.846 ** (2.51)	1.455 ** (2.20)
固定地区	是	是	是	是
固定时间	是	是	是	是

变量	（1）地理邻接	（2）行政邻接	（3）地理距离	（4）经济距离
Moran test	0.147 ***	0.102 ***	0.024 ***	0.123 ***
LM test	12.019 ***	21.982 ***	15.234 ***	29.552 ***
N	2992	2992	2992	2992
R^2	0.878	0.878	0.884	0.879

注：*、**、*** 分别表示在10%、5%、1% 水平上显著；（ ）内为 t 统计量；$fd1 \times rpol \times WS$、$fd2 \times rpol \times WS$、$fd1 \times rgdp \times WS$、$fd2 \times rgdp \times WS$ 分别是环境绩效指标、事权分权与空间滞后因子的交叉项，环境绩效指标、财权分权与空间滞后因子的交叉项，经济绩效指标、事权分权与空间滞后因子的交叉项，经济绩效指标、财权分权与空间滞后因子的交叉项。

综合第五章和第六章的研究结果可发现：（1）在"块状治理"模式下，治理责任分配和考核评价指标设定会引起地方政府间的竞争，进而对环境治理产生非线性影响。（2）在考核评级指标体系之中，严格的环境绩效指标增强了城市间"逐顶竞争"的策略互动；经济绩效指标则削弱了城市间"逐顶竞争"的策略互动。（3）强调环境绩效指标并结合较多的治理责任，使"逐底竞争"的策略互动弱化、"逐顶竞争"的策略互动得以增强；强调经济绩效并结合较多的治理责任，增强了"逐底竞争"的策略互动，弱化了"逐顶竞争"的策略互动。（4）赋予地方政府较多治理责任的同时，要适当下放财权，权责匹配更利于地方政府之间展开环境治理的"良性竞争"；考核评价指标体系中要提升环境绩效指标的地位，同时赋予地方政府较多的环境治理责任，这时环境治理效果会较好。（5）合理的治理责任分配和考核评价指标体系能够提升整体环境治理水平，改善"块状治理"模式带来的"逐底竞争"和"污染避难所"问题。

第 三 篇

多元参与的路径及难点

第七章 治理责任分配与市场激励型
环境政策的结合

  第五章和第六章从量化研究角度明晰了府际间治理责任分配和考核评价指标设定对环境治理的影响，结果证明合理的治理责任分配和考核评价指标体系能够缓解"块状治理"模式带来的部分环境问题，例如"逐底竞争"和"污染避难所"。但是，若要保证环境治理绩效长期维持，必须调动政府、企业和社会力量的参与。如果治理责任从中央政府分配至地方政府，然后再分配至企业，通过治理责任分配来激励多元参与，对长期维持环境治理绩效也将产生积极影响。本章将评估治理责任分配至企业的同时，引入市场工具对环境治理及经济发展的影响，以对如何发挥企业在环境治理体系中的主体作用有所了解。

  纵观中国环境政策的历史，以命令控制为主，辅之排污费制度，呈现"行政命令有余，市场手段不足"的特征（涂正革和谌仁俊，2015；张晓，1999）。多元参与的一个可行路径是在将治理责任分配至企业基础上，通过市场机制来激励清洁企业通过卖出多余的排污权获得收入，污染企业减少排放以减少排污权的使用，这将激励企业主动参与到污染治理之中。本章通过验证排污权交易制度和总量控制政策相互结合对生态环境和经济的影响，力求寻找企业积极参与污染治理的路径。具体到操作层面，通过深入剖析市场激励型环境政策实现"双重红利"的前提条件与逻辑基础，可对本章的研究主题一探究竟。

　　根据 Pearce（1991）的"双重红利"理论，我们可概括出两层含义：第一层，环境政策有助于环境改善，这是"绿色红利"（环境红利）；第二层，环境政策有助于就业，此为"蓝色红利"（经济红利）。就以往研究来看，分为两种观点：一是环境政策可能难以获得经济红利，两者存在"取舍（trade-off）"（Goodstein，1996）；二是环境政策既能实现减排，又能实现经济红利（Goulde，1995；Bovenberg 和 Ploeg，1998；Bosquet，2000）。本章基于排污权交易制度这一自然实验，采用双重差分方法对"双重红利"假说加以验证，落脚点是通过验证治理责任分配至企业以及利用市场工具治理环境从而探究多元参与的路径。

　　市场激励型环境政策发挥作用有一系列前提条件，其中包括严格的总量控制政策。所谓"总量控制"是指国家环保部门根据国民经济和社会发展战略，依据所勘定的环境容量，决定全国的污染物排放总量，之后总量将被分解到各个地区。以"两控区"为例，这一政策虽然减少了FDI 的进入量，但是提高了出口产品质量（Cai 等，2016；盛丹和张慧玲，2017）。总量控制政策的作用为后续研究提供了新的思路，即市场激励型环境政策作用的发挥需要严格的总量控制作为前提，即需要有严格的环境治理责任分配为前提。

第一节　治理责任分配与市场激励型环境政策的研究

　　关于环境政策，无论是历史发展脉络还是制度环境，中国与欧美发达国家存在本质区别。本书在借鉴国外相关研究基础上，更侧重于中国现实，需有重点地梳理相关文献以明确市场激励型环境政策对"双重红利"的影响及其发挥作用的前提。

一　关于"双重红利"的研究基础

　　发达国家环境政策相对完善，相关研究起步较早，关于环境政策能否实现"双重红利"的研究也十分丰富。其中，部分学者验证了环境税对就业的影响，发现"绿色红利"显著存在，也有学者研究了环境法律法规、污染治理支付成本等命令控制手段对就业的影响，结果表明环境治理对就业的影响方向不确定（Bovenberg 和 De Mooij，1994；Fullerton 和 Metcalf，1997；Berman 和 Bui，2001；Bezdek 等，2008；Kahn 和 Mansur，2013）。这些极具代表性的研究概括了市场激励型环境政策和命令控制型环境政策对经济和环境的影响。

二　命令控制型环境政策的影响

关于计划规划型规制影响的研究较多。"十一五"规划和"十二五"规划将化学需氧量和氮氧化物排放量纳入考核评价指标，两者的减排效果也十分明显，但其他污染物减排所受影响不大（李静等，2015）。在此基础上，Zhao 等（2016）的研究发现，针对 COD 排放目标的设定使其排放量下降，而其他污染物所受影响不明显。部分研究的侧重点是行政命令的影响。祁毓等（2016）基于国务院 2003 年实施的空气质量"限期达标"制度，采用倾向得分匹配的双重差分方法评估环境治理的"双赢"效应，发现行政命令长期可实现环境与经济"双赢"。还有学者研究外生事件对环境质量的影响。He 等（2016）考察了奥运周期北京及周边污染排放对死亡率的影响，发现 PM10 浓度每下降 $10\mu g/m^3$（约 10%），样本城市死亡率下降 8.36%，石庆玲等（2016、2017）则发现，各城市"两会"期间空气质量显著改善，环保部约谈对空气污染产生明显的减轻效果。

三　排污费制度的影响

理论上讲，对环境污染等具有负外部性的行为征收"庇古税"，可使扭曲的市场得到纠正从而提高资源配置效率。排污费的征收是"庇古税"在环境问题上的应用，其结论也得到了验证。有实证研究发现，排污费不仅能够降低污染，还能提升效率（Jin 和 Lin，2014），徐宝昌和谢建国（2016）则发现，排污费征收对企业效率的影响呈现"U"形特征。与其他政策无异，不少学者认为排污费制度同样存在一定问题。比如 Lin（2013）发现，中国的排污费制度不但没有使企业降低污染排放，反而随着环保部门检查次数增加，企业自我汇报的污染量上升，原因是排污费仅针对超标污染量收费，企业倾向于"谎报"污染。

四 市场激励型环境政策的影响

与排污费制度不同，排污权交易制度是"科斯定理"在环境问题上的应用，该制度是市场激励型环境政策的代表之一。1960 年，罗纳德·科斯（Ronald Coase）提出著名的科斯定理，认为通过产权界定和市场交易可以解决污染这一外部性问题。这与交给市场解决外部性的"庇古税"不同，排污权交易制度是通过建立市场的方式，使外部问题内部化。两者存在"利用市场"和"建立市场"的本质区别（申晨等，2017）。关于中国排污权交易制度影响的实证研究较少，代表性研究有两个，涂正革和谌仁俊发现，目前排污权交易制度无法实现"蓝色红利"，究其原因，低效运转的市场还不足以支撑排污权交易机制的"完美"运行（涂正革和谌仁俊，2015）；刘承智等（2016）则发现，排污权交易制度可通过改善纯技术效率来实现"双重红利"。

五 市场激励型环境政策实施的前提：严格的治理责任分配制度

关于治理责任分配制度的研究中，以"两控区"为例展开实证分析的居多，第一部分已经提及了两篇代表性文献，在此不再赘述，更有必要的是探讨治理责任分配制度所存在的一系列问题。第一，由于地区间生态补偿机制不完善，地方政府之间激烈的经济竞争使"边界效应""下游效应"凸显（Cai 等，2016）。而两大效应所体现的污染转移在中国已成趋势，所以林伯强和邹楚沅（2014）认为世界其他国家向中国的污染转移正在下降，而中国东部向西部污染转移成为主要问题。第二，梁平汉和高楠（2014）发现部分地方政府和污染企业之间的"政企合谋"是导致环境污染难以根治的原因，郭峰和石庆玲（2017）通过实证研究证实了这一结论。第三，在制度约束下，中国的环境治理机构难免受政府相关偏好以及其他政策的影响，不具有独立性（韩超等，2016）。这三点问题使总量控制目标即使分配合理，其实施过程也存在诸多困难。

从某种程度上讲，市场激励型环境政策通过许可证的分配可缓解"政企合谋"，同时通过市场交易规避了环境治理机构非独立性造成的排污监管权力受限的问题，亦可通过明晰减排责任使跨界污染问题得以改善，从而缓冲了"条状治理"和"分地而治"的不利影响。

既有文献为后续各类环境政策与经济发展之间关系的研究提供了丰富的研究材料并打下了坚实的研究基础，以这些研究为基准，本章将进一步挖掘：治理责任分配至企业以后，市场激励型环境政策能否激励企业积极治污，这一研究结论将对如何发挥企业在多元参与中的主体作用有所启发，进而对多元参与的路径设计也有一定启示。

第二节 治理责任分配、市场激励型 环境政策与"蓝色红利"

基于以上文献研究，梳理出市场激励型环境政策对"蓝色红利"影响的机理及其前提条件①，为下文的量化分析提供了数理基础。

一 理论框架

借鉴 Sanz 和 Schwartz（2013）的研究，运用数理模型分析市场激励型环境政策对就业的影响。

第一，企业的需求函数。假设不完全竞争市场有 N 个企业，i 企业面对的需求函数为 $Y_i = (Y/N)(P_i/P)^{-\varphi}$。其中，$Y$ 代表总产出，P_i 是企业 i 面对的价格，P 是所有产品的平均价格，$\varphi > 1$ 指产品之间替代弹性大于 1。

第二，企业的生产函数。其形式为 $Y_i = z_i L_i^\alpha K_i^\beta$。$L_i$ 和 K_i 分别代表劳动力和资本投入。污染作为一种"坏"的产出，与产出水平呈现函数关系，Jouvet 等（2015）假设污染物排放量与产出水平正相关，与治污技术创新负相关。具体函数形式为：$E_i = dz_i^\sigma Y_i = dz_i^{\sigma+1} L_i^\alpha K_i^\beta$。其中，$E_i$ 代表污染物排

---

① 因排污权交易制度对"绿色红利"主要取决于这一政策是否落实，因此数理模型集中在"蓝色红利"。

放量，d 是治污技术，取值范围为 $0 < d < 1$，d 越小越利于减排。z_i 代表企业生产技术，若不考虑环境治理，在利润最大化目标驱动下，企业将只注重生产技术提升，不考虑减排问题。因此才有假设条件：当 $z_i = 1$ 时，表明企业只致力于生产，采用"污染（Dirty）"的生产技术；$z_i < 1$ 代表企业更注重减排，因而生产技术无法得到更快提升。σ 代表生产技术 z_i 的排放效率，当 $z_i < 1$、$\sigma > 1$ 时，表明清洁生产技术较高[①]。

第三，企业的利润函数。大多数企业不会主动将污染造成的负外部性纳入利润函数。治理责任分配制度则发挥了对企业负外部性的约束作用，以此为基础的排污权市场交易使资源得到优化配置，可达到帕累托最优，不仅符合"科斯定理"，也符合"福利经济学第二定理"。其原理是，赋予企业 $\bar{E}$ 排放权，所有企业污染排放总和为 $\bar{E} = \sum_{i=1}^{N} E_i$，若超出规定排放量，利润最大化的企业需从市场上购买排污权，而排污权有剩余的企业可拿到市场上出售，这意味着排污权成为一种产品。

假设排污权交易市场为完全竞争市场，意味着企业要为单位污染物付出 Q/P 的价格。排污权交易企业分为三类：排污权出售、排污权自给、排污权购买。三种企业通过排污权交易所得收益均为 $-(Q/P)(E_i - \bar{E}_i)$，分别大于 0、等于 0、小于 0。其中，Q 为排污权的名义价格，Q/P 是完全竞争市场形成的单位排污权的实际价格，此时排污权出售和购买企业利润最大化函数为：

$$\pi_i/P = (P_i/P)Y_i - (W_i/P)L_i - (R_i/P)K_i - (Q/P)(E_i - \bar{E}_i)$$

其中，(W_i/P) 代表实际工资，R_i/P 是实际资本价格。企业采用的生产技术为利润最大化技术，即 $\partial(\pi_i/P)/\partial z_i = 0$，最优劳动力和资本需求满足 $\partial(\pi_i/P)/\partial L_i = 0$ 和 $\partial(\pi_i/P)/\partial K_i = 0$。

由此得到劳动力需求函数为：

$$\ln L_i = \frac{-\varphi(1+\sigma)}{\theta}\ln m + \frac{1+\sigma}{\theta}\ln(Y/N) + \frac{1-\varphi}{\theta}\ln d + \frac{1-\varphi}{\theta}\ln(Q/P) +$$

---

① 生产技术和治污技术都得到提升时，d 变小，Z_j 变大。

$$\frac{\beta(\varphi-1)\sigma}{\theta}\ln K_i - \frac{(1+\varphi\sigma)}{\theta}\ln(W_i/P) \tag{7.1}$$

排污权自给企业劳动力需求为:

$$\ln L_i = \frac{-\varphi(1+\sigma)}{\theta}\ln m + \frac{1+\sigma}{\theta}\ln(Y/N) + \frac{1-\varphi}{\theta}\ln d + \frac{\beta(\varphi-1)\sigma}{\theta}\ln K_i -$$

$$\frac{(1+\varphi\sigma)}{\theta}\ln(W_i/P) \tag{7.2}$$

其中, $m = \varphi/(\varphi-1) > 0$ 代表企业成本加成, 反映企业的垄断程度, $\theta = 1 + [\varphi - \alpha(\varphi-1)]\sigma > 0$。

实际上, 在治理责任分配前提下, 实施市场激励型环境政策的地区与不实施市场激励型环境政策的地区相比, 市场激励型环境政策的影响主要体现在排污权出售企业, 市场激励型环境政策使这些企业多了一种收入来源, 从而对企业就业产生影响。比较公式 (7.1) 和公式 (7.2), 前者多了一项 $\frac{1-\varphi}{\theta}\ln(Q/P)$, 若该值大于 0, 意味着排污权的名义价格小于所有产品的平均价格, 企业会增加产品生产, 就业也会增加; 若该值小于 0, 意味着排污权名义价格大于所有产品的平均价格, 企业会减少产品生产转而出售更多排污权, 就业也会减少。但是, 这种假设前提是, 产品与排污权具有一定的替代关系。原因有二, 第一, 短期内企业无法调整资本投入, 只能通过减少产品生产来降低排放, 以出售更多排污权; 第二, 未考虑企业污染治理成本。以下部分是长期分析, 考虑资本投入的变化和企业污染治理成本。

二　理论机制

为明确企业排污权定价过程, 我们对排污权价格和企业污染治理成本的关系加以解释。一般地, 排污权购买企业面临两种选择, 购买污染排放权或治理污染。如果排污权价格过高, 排污权购买企业将放弃购买排污权, 转向治污, 如果排污权定价过低, 排污权购买企业将倾向于购买排污权。因此, 排污权定价过高或过低, 都不利于企业生产或者减排, 也就不利于实现 "双重红利"。因此, 均衡的排污权价格等于单位污染物治理成本[①]。

考虑企业污染治理成本后，利润最大化的公式变为：

$$\pi_i/P = (P_i/P)Y_i - (W_i/P)L_i - (R_i/P)K_i - (Q/P)(E^{1i} - \overline{E_i}) - (AC_i/P)(E_{2i} - E_{1i}) \tag{7.3}$$

公式（7.3）中，AC_i/P 表示单位污染物治理成本。E^{2i} 是污染物产生量，E^{1i} 是污染物排放量，$E_{2i} - E_{1i}$ 是污染物去除量。对于企业而言，如果单位污染物治理成本小于排污权价格，企业倾向于治理全部污染，然后将排污权出售；如果后者大于前者，企业倾向于购买排污权。在第一种情况下，排污权供应量上升将导致价格下降，第二种情况则得到相反的结果。最终，排污权的市场价格将等于单位污染物治理成本。这时，劳动力需求变为：

$$\ln L_i = \frac{-\varphi(1+\sigma)}{\theta_1}\ln m + \frac{1+\sigma}{\theta_1}\ln(Y/N) + \frac{1-\varphi}{\theta_1}\ln d + \frac{1-\varphi}{\theta_1}\ln(Q/P) + \frac{\beta(\varphi-1)\sigma}{\theta_1}\ln K_i - \frac{(1+\varphi\sigma)}{\theta_1}\ln(W_i/P)$$

上式中，Q/P 为排污权价格，与单位污染物治理成本相等。这时，最优资本需求为：

$$\ln K_i = \frac{-\varphi(1+\sigma)}{\theta_2}\ln m + \frac{1+\sigma}{\theta_2}\ln(Y/N) + \frac{1-\varphi}{\theta_2}\ln d + \frac{1-\varphi}{\theta_2}\ln(Q/P) + \frac{\alpha(\varphi-1)\sigma}{\theta_2}\ln L_i - \frac{(1+\varphi\sigma)}{\theta_2}\ln(R/P)$$

其中，$\theta_1 = 1 + [\varphi - \alpha(\varphi-1)]\sigma > 0$，$\theta_2 = 1 + [\varphi - \beta(\varphi-1)]\sigma > 0$。设：

$$\nu_1 = \frac{-\varphi(1+\sigma)}{\theta_1}\ln m + \frac{1+\sigma}{\theta_1}\ln(Y/N) + \frac{1-\varphi}{\theta_1}\ln d + \frac{1-\varphi}{\theta_1}\ln(Q/P) - \frac{(1+\varphi\sigma)}{\theta_1}\ln(W_i/P)$$

$$\nu_2 = \frac{-\varphi(1+\sigma)}{\theta_2}\ln m + \frac{1+\sigma}{\theta_2}\ln(Y/N) + \frac{1-\varphi}{\theta_2}\ln d + \frac{1-\varphi}{\theta_2}\ln(Q/P) -$$

---

① 完全竞争市场使每单位污染物的减排成本等于单位排污权价格。

$$\frac{(1 + \varphi\sigma)}{\theta_2}\ln(R_i/P)$$

结合劳动和资本的函数得到：$\ln L_i = [\theta_1\theta_2\nu_1 + \theta_2\beta(\varphi - 1)\sigma\nu_2]/[\theta_1\theta_2 - \alpha\beta(\varphi - 1)^2\sigma^2]$

$$\ln L_i = \eta_0\ln m + \eta_1\ln(Y/N) + \eta_2\ln d + \eta_3\ln(Q/P) - \eta_4\ln(W_i/P) - \eta_5\ln(R/P) \tag{7.4}$$

其中，$\eta_2 = \eta_3 = (1 - \varphi)(1 + \varphi\sigma)/[\theta_1\theta_2 - \alpha\beta(\varphi - 1)^2\sigma^2]$，$\theta_1\theta_2 - \alpha\beta(\varphi - 1)^2\sigma^2 > 0$，综合以上假设条件得到，$\eta_2 = \eta_3 = (1 - \varphi)(1 + \varphi\sigma)/[\theta_1\theta_2 - \alpha\beta(\varphi - 1)^2\sigma^2] < 0$。

既不进行治理责任分配也不实施市场激励型环境政策的企业就业为：

$$\ln L_i = \eta_0\ln m + \eta_1\ln(Y/N) + \eta_2\ln d - \eta_4\ln(W_i/P) - \eta_5\ln(R/P) \tag{7.5}$$

公式 (7.4) 解释了产品市场均衡时的企业劳动力需求。但仍未反映环境治理对就业的影响机制。总结以往研究并结合现实，发现环境治理对就业的影响机制可总结为三种效应：第一，产出效应。加强环境治理意味着企业生产单位产品的边际成本上升，利润最大化企业将降低产量，减少劳动力需求。第二，要素间替代或互补关系。一方面，治污投入与生产活动中要素投入可能形成替代关系，使劳动力需求降低，例如，购进治污设备等机器可能减少劳动力支出；另一方面，治污设备购买、治污活动展开都需要劳动力，环境治理也使某些企业倾向于采用劳动力代替能源等造成污染的要素，这使治污与劳动力需求形成互补关系。因此，要素间的替代或互补关系对就业的影响方向是不确定的。第三，"创新补偿"效应。恰当的环境治理可以引发企业通过产品或流程创新来弥补"遵循成本"，这能降低边际成本，提高产出，并拉动就业。

为明确治理责任分配制度和市场激励型环境政策对企业就业的影响机制，我们假设实施市场激励型环境政策后，企业的治污技术将提高，这是"创新补偿"效应发挥作用的前提。因而公式 (7.4) 和公式 (7.5) 分别变为：

$$\ln L_i = \eta_0\ln m + \eta_1\ln(Y/N) + \eta_2\ln d_1 + \eta_3\ln(Q/P) - \eta_4\ln(W_i/P) -$$

$$\eta_5 \ln(R/P) \tag{7.6}$$

$$\ln L_i = \eta_0 \ln m + \eta_1 \ln(Y/N) + \eta_2 \ln d_2 - \eta_4 \ln(W_i/P) - \eta_5 \ln(R/P) \tag{7.7}$$

$\ln d_1$ 代表实施市场激励型环境政策后企业的减排技术；$\ln d_2$ 代表未实施市场激励型环境政策时企业的减排技术。与未实施市场激励型环境政策的地区相比，市场激励型环境政策对企业劳动力需求的影响主要体现在排污权出售企业和排污权购买企业，影响为公式（7.4）中的 $\eta_2 \ln d$ 和 $\eta_3 \ln(Q/P)$ 两项。其中，$\eta_2 \ln d$ 体现"创新补偿"效应，与不实施市场激励型环境政策的企业相比，市场激励型环境政策可能刺激排污权出售企业和排污权购买企业提升治污技术，即 d 下降，由此 $\ln d_1$ 小于 $\ln d_2$，此时 $\eta_2(\ln d_1 - \ln d_2) > 0$。$\eta_3 \ln(Q/P)$ 体现产出效应和要素间的替代或互补关系，其符号不确定。

结合既有理论与实证研究，可以发现"创新补偿"效应发生作用的时机往往比较滞后（Lanoie 等，2008；张成等，2011；李平和慕绣如，2013）。这预示着，$\eta_2(\ln d_1 - \ln d_2)$ 的正向影响滞后于 $\eta_3 \ln(Q/P)$ 对就业的影响，即市场激励型环境政策对就业的影响可能在长期才能见效。

至此，提出假说 1：**市场激励型环境政策在长期内可促进就业，实现"蓝色红利"。**

为研究治理责任分配制度能否成为市场激励型环境政策实现"蓝色红利"的前提条件，分为两步加以验证：第一步，在总量控制政策实施的样本范围内，研究实施市场激励型环境政策能否实现"蓝色红利"，若可实现，说明仅仅实施市场激励型环境政策可以促进就业，若不可实现，说明要想使市场激励型环境政策发挥作用需要有其他政策加以支持；第二步，与不进行任何环境约束的地区相比，总量控制政策和市场激励型环境政策能否实现"蓝色红利"，若可实现，说明总量控制政策是市场激励型环境政策实现"蓝色红利"的前提，若不可实现，则无法证明总量控制政策是市场激励型环境政策实现"蓝色红利"的前提条件。在总量控制政策实施的样本范围内，受市场激励型环境政策影响的企业主要为排污权出售企业，因为这一制度为这类企业带来了额外收益。与不进行任何环境约束的地区相比，同时实施治理责任分配制度和市场激励型环境政策的地区所受影响主要体现在排污权购买和排污权出售企业。无论是对排污权购买企业还是对排污权出售企业，总量控制政策和市场激励型环境政策的影响是通过公式（7.6）和公式（7.7）体现。受约束企业劳动力需求的影响取决于排污权出售企业和购买企业，最终结果也取决于"创新补偿"效应、产出效应、要素间替代或互补关系。考虑到"创新补偿"效应发挥作用是滞后的，从长期来看"创新补偿"效应对就业的正向影响将发挥较大作用。

至此，提出假说2：**长期来看，与不进行任何环境约束的地区相比，同时实施治理责任分配制度和市场激励型环境政策可实现"蓝色红利"。**

环境政策若得以严格实施，污染物排放量是可以降低的，结合假说1和假说2可得到推论：**若治理责任分配制度和市场激励型环境政策能够严格实施，长期内可实现"双重红利"。**

第三节　市场激励型环境政策影响的实证设计

一　自然实验法涉及的政策解释

中国的排污权交易首先产生在水污染控制领域，1987年中国开始实行水污染排放许可证试点，次年原国家环保局确定了上海、北京、天津、沈阳等18个城市为水污染排放许可证试行单位（刘若楠和李峰，2014）。于1991年开始，在包头等6个城市开展了大气排污交易试点（张梓太和沈灏，2010）。1996年、2000年国务院先后颁布了《"九五"期间全国主要污染物排放总量控制计划》和《大气污染防治法》，污染治理政策由浓度管理转变为总量控制，为实施排污交易提供了法律政策支持（任艳红和周树勋，2016）。直至2001年，南通天生港发电有限公司与南通另一家大型化工有限公司出售 SO_2 排污权交易事件被认为是中国第一例真正意义上的 SO_2 排污权交易（卜国琴，2010）。自2002年起，山东等地区陆续成为排污权交易的试点，具体如表7.1所示。

统计排污权交易试点可知，第一，从覆盖范围和试点选择来看，排污权覆盖东中西部分地区，范围较广、较分散且遍及全国，就自然实验法的应用而言，随机分组十分重要，如果政策实施极具针对性，那么平均处理效应识别的难度将增大。从排污权交易制度涉及地区来看，非随机分组的表现是集中在某个地区或者具有相似特征的地区（例如经济发展水平、人口等相似）成为试点，排污权交易制度的覆盖范围说明样本选择随机性较强。第二，从实施效果来看，相关政策文件也发布了交易成功的污染物排污权指标和总成交金额，说明这一政策得以贯彻实施。基于以上两点，本章在以下部分进行实证研究设计、计量回归以验证假说并对机制做出分析。

表7.1　　　　　　　　排污权交易试点、实施时间及资料来源

区域	实施年份	地方规定
山东省	2002	原国家环保局发布了《关于开展"推动中国二氧化硫排放总量控制及排污交易政策实施的研究项目"示范工作的通知》
山西省	2002	
江苏省	2002	
河南省	2002	
上海市	2002	
天津市	2002	
柳州市	2002	
湖北省	2008	《湖北省主要污染物排污权交易试行办法》
哈尔滨、佳木斯	2009	《黑龙江省二氧化硫排污权交易管理办法（试行）》
浙江省	2010	《浙江省排污权有偿使用和交易试点工作暂行办法》
重庆市	2010	《重庆市主要污染物排放权交易管理暂行办法》
长沙、株洲、湘潭	2010	《湖南省主要污染物排污权有偿使用和交易管理暂行办法》
河北省	2011	《河北省主要污染物排放权交易管理办法（试行）》
内蒙古自治区	2011	《内蒙古自治区主要污染物有偿使用和交易管理办法》
陕西省	2012	《陕西省主要污染物排污权有偿使用和交易试点实施方案》
衡阳、郴州、永州、岳阳、娄底	2013	《湖南日报》：《排污权交易将覆盖全省》

资料来源：笔者根据相关地方规定整理。

二　自然实验法涉及的模型解析

本章的研究方法为双重差分法，处理组为市场激励型环境政策涉及的城市，对照组为未实施市场激励型环境政策的城市。我们通过比较市场激励型环境政策实施前后，处理组和对照组就业和污染物排放量的变化来分析市场激励型环境政策对"双重红利"的影响。以此为基础，进行一系列稳健检验，并分析市场激励型环境政策实现"双重红利"的前提条件。

1. 基准回归模型

考虑到一些无法量化的城市特征、年份特征的影响，借鉴 Cai 等（2016）的研究，具体模型设定如下：

$$Y_{it} = \alpha_i + \alpha_t + \gamma treat_i \times post_t + \beta Z + \varepsilon_{it} \tag{7.8}$$

Y_{it} 为 i 城市在 t 时期就业人数或污染物排放量；$treat_i = 1$ 代表实施市场激励型环境政策的城市，设定为处理组，如果未实施市场激励型环境政策，是对照组，此时有 $treat_i = 0$，$post_t$ 为时间虚拟变量，政策实施年份及之后年份为 1，政策未涉及的年份为 0。α_i 为个体固定效应，控制城市层面不随时间变化的因素；α_t 是时间固定效应，控制时间趋势因素。Z 是控制变量组成的向量组，ε_{it} 为误差项。

参考以往研究，控制变量主要包括：（1）人均收入（$lnpgdp$），采用实际人均 GDP 的对数衡量；（2）工资（$lnwage$），采用人均工资的对数衡量；（3）产业结构（ind），产业结构的表示方法为第二产业增加值除以 GDP；（4）外商直接投资（fdi），大量实证研究对"污染避难所假说"和"污染避难所效应"加以验证，因此需加入外商直接投资来控制这种影响，外商直接投资以实际利用外商直接投资占 GDP 的比重衡量；（5）科技水平（$lnst$），采用人均科技支出代表。

2. 稳健检验模型

采用双重差分法估计市场激励型环境政策的影响时，我们需要对双重差分法识别的约束条件进行检验。第一，在市场激励型环境政策实施之前，需要满足处理组和对照组的就业具有相同的变化趋势这一约束条件，即回归结果要通过平行趋势检验。对此，采用时间趋势检验进行验证。具体而言，对计量模型（7.9）进行回归，通过 γ_j 的值来观测时间趋势，进而确保"蓝色红利"的稳健性。其中 j 为年份，γ_j 的范围是 γ_{2003} — γ_{2013}。第二，还需检验市场激励型环境政策的影响是否具有随机性。为此，我们进行证伪检验，以人口密度（$\ln pd$）、事权（$fd1$）、财政收入分权（$fd2$）三个外生变量作为被解释变量，检验"蓝色红利"是否具有随机性。

$$Y_{it} = \alpha_i + \alpha_t + \sum_{j=1}^{J} \gamma_j treat_i \times year_j + \beta Z + \varepsilon_{it} \qquad (7.9)$$

3. "双重红利"实现条件的检验

如前所述，即使 γ 的值不显著也不能说明市场激励型环境政策无法实现"双重红利"，因为市场激励型环境政策能够起作用须满足一个前提条件，即严格的治理责任分配制度。因此，本章将加入总量控制政策的相关变量来证明市场激励型环境政策起作用的条件。Stavins（1994）认为，一个完整的市场激励型环境政策应包括以下九项要素：总量控制目标；排污许可；分配机制；市场定义；市场运作；监督与实施；分配与政治性问题；与现行法律及制度的整合；制裁。陈德湖（2004）则认为，因只有采用总量控制才能有效地达到环境质量标准，所以市场激励型环境政策的实质就是采用市场机制来实现环境标准质量。可以认为，治理责任分配作为顶层设计在市场激励型环境政策实施过程中起着至关重要的作用。总量控制政策可成为治理责任分配的代表性政策。中国的总量控制政策经历了从"两控区"到普及全国的过程。标志性的总量控制政策有两个，"两控区"政策和"十一五"规划将污染物排放作为约束性指标（下文称"约束性污染控制"政策）。"九五"规划已经明确提出污染物排放总量控制这一概念，预示着中国环境治理由浓度控制向总量控制转变，此后，国家环境保护"九五"计划则制定了总量控制的具体计划指标。为落实《中华人民共和国大气污染防治法》及"九五"计划等，国家推行了"两控区"政策，对酸雨和 SO_2 排放较为严重的地区制定了浓度指标和总量控制指标。自 2005 年之后开始普及全国并逐渐收紧。"十一五"规划纲要首次提出"十一五"期间，化学需氧量和 SO_2 排放总量减少 10% 的约束性指标，每个省份也分配了相应减排额度。2007 年，中央把节能减排指标完成情况纳入各地经济社会发展综合评价体系，作为政府领导干部综合考核评价和企业负责人业绩考核的重要内容，实行"一票否决"制。这一系列政策意味着，总量控制政策越来越严格。

为检验治理责任分配制度对市场激励型环境政策实施效果的影响，我们采用两种方法：重新选择对照组和设定虚拟变量，前者考察"两控区"政策的影响，后者考察"约束性污染控制"政策的影响。第一种方法中，处理组为同时实施市场激励型环境政策和"两控区"政策的城市，对照组分为两类，一类为仅仅实施"两控区"政策但不实施市场激励型环境政策的地区，另一类为既不实施"两控区"政策也不实施市场激励型环境政策的地区。通过比较市场激励型环境政策实施前后处理组和第一类对照组就业和污染物排放量的变化，来识别仅实施市场激励型环境政策是否能够实现"双重红利"，通过比较处理组和第二类对照组的就业和污染物排放量的变化，来明确实施"两控区"政策和排污权交易制度能否实现"双重红利"。综合两种结果，可初步判定治理责任分配制度能否成为实现"双重红利"的前提条件。第二种方法则采取设定虚拟变量的方式，"十一五"规划实施之前的年份设定为 0，之后的年份设定为 1，在此基础上，引入排污权交易制度是否实施的虚拟变量和"约束性污染控制"政策是否实施的虚拟变量的交叉项，来分析治理责任分配制度是否成为市场激励型环境政策实现"双重红利"的前提条件。第一种方法仍是对模型（7.8）进行回归，第二种方法的回归模型设置如下：

$$Y_{it} = \alpha_i + \alpha_t + \gamma_1 treat_i \times post_{1t} \times post_{2t} + \gamma_2 treat_i \times post_t + \beta Z + \varepsilon_{it}$$

$$(7.10)$$

$post_{1t}$ 和 $post_{2t}$ 均为时间虚拟变量，前者代表治理责任分配制度的虚拟变量，后者代表市场激励型环境政策的虚拟变量。

本章的数据来源于 2003—2014 年《中国城市统计年鉴》，相关变量涉及数据的时间范围是2002—2013年。因西藏自治区、海南省两个省级单位以及克拉玛依市等部分地级市数据严重缺乏，本章做剔除处理，最终，样本城市为272个。

第四节　市场激励型环境政策发挥作用的条件

实证结果分析的步骤如下：第一部分是基准回归结果分析，主要验证市场激励型环境政策能否促进就业，从而实现"蓝色红利"；第二部分是稳健检验，从时间趋势、样本选择及证伪三个角度检验基准回归结果的稳健性；第三部分是扩展性分析，用于验证市场激励型环境政策能否实现"双重红利"；第四部分为进一步研究，从治理责任分配视角分析市场激励型环境政策发挥作用的条件。

1. 回归结果解释

表7.2中第（1）—第（4）列采用逐步回归法，逐渐控制个体、年份和其他控制变量。第（1）列未控制其他变量，仅就市场激励型环境政策与就业（lnemp）间的关系进行回归；第（2）列控制了不可观测的个体因素影响，即加入城市固定效应；第（3）列则进一步控制时间因素的影响，考虑了年份固定效应；第（4）列控制工资、人均收入水平、产业结构、外商直接投资、人均科技支出的影响。从基准回归结果中发现，交叉项系数 γ 的值为正，且随着控制变量个数的逐渐增加，γ 的值越来越小。一方面说明市场激励型环境政策能够实现"蓝色红利"，另一方面说明若不控制时间、个体以及收入等变量，可能会高估"蓝色红利"。具体到量化分析，从第（4）列可见，γ 的值为4.08%，且在1%的水平上显著不为0，说明市场激励型环境政策的实施使就业上升4.08个百分点。然而，仅凭表7.2中的回归结果，依然无法断定市场激励型环境政策对就业产生的正向影响是稳健的，需要进行一系列稳健性检验。

表7.2　　　　　　　　　　　　　　　基准回归结果

被解释变量	（1）	（2）	（3）	（4）
	lnemp	lnemp	lnemp	lnemp
treat × post	0.535*** (19.70)	0.306*** (17.25)	0.0375** (2.46)	0.0408*** (2.65)
lnwage				-0.0438** (-2.19)
lnpgdp				-0.855*** (-6.68)
$lnpgdp^2$				0.0489*** (8.06)
ind				1.585*** (4.11)
Ind^2				-1.706*** (-4.42)
fdi				-1.867*** (-3.91)
fdi^2				0.0786 (0.02)
lnst				0.0138 (0.78)
$lnst^2$				-0.00625 (-0.95)
常数项	3.316*** (212.94)	3.383*** (524.64)	3.323*** (307.78)	7.187*** (11.34)
年份控制	NO	NO	YES	YES
城市控制	NO	YES	YES	YES
N	3264	3264	3264	3187
R^2	0.100	0.090	0.447	0.490

注：实证的结果均由 stata13 计算并整理得出；（）内为 t 值，***、**、*分别表示1%、5%、10%的显著性水平。

表7.3 是稳健检验的结果。首先，本部分进行平行趋势检验。如第（1）列的回归结果所示，在 2011 年之前，γ 的值在 10% 水平上无法拒绝其等于 0 的原假设，γ_{2011} 和 γ_{2013} 在 5% 的水平上显著不为 0，且

该值在变大。这意味着，在 2011 年之前，市场激励型环境政策无法产生"蓝色红利"，"蓝色红利"的实现发生在 2011 年之后。从排污权交易制度涉及的样本范围来看，2002—2010 年，实施市场激励型环境政策的城市较少，仅涉及五个省、两个直辖市、三个地级市，2010 年及其之后，全国有三个省、一个自治区、一个直辖市、八个地级市加入排污权交易实施样本的行列，范围更广。这就不难理解为什么 2011 年之后"蓝色红利"才显著。其次，需要进行的是证伪检验。第（2）—第（4）列中，交叉项系数 γ 的值在 10% 显著性水平上无法拒绝原假设，也就是说无法证明交叉项系数不等于 0，说明证伪检验是通过的。这一回归结果证明，"蓝色红利"的实现具有稳健性。最后，剔除样本范围内每一年都实施排污权交易制度的地区。山东等四个省份及柳州市等 3 个城市自 2002 年起实施排污权交易制度，在样本范围内无法观测到这些城市在实施排污权交易制度之前的就业状况，这些城市可能影响到"蓝色红利"的识别，因此第（5）列将这些城市剔除，回归结果发现，γ 的值在 5% 的水平上显著为正数，这意味着样本选择未影响到"蓝色红利"的显著性。

综合表 7.2 和表 7.3 的实证结果可知，无论是基准回归还是稳健检验，皆显示出市场激励型环境政策对就业具有显著的正向影响，"蓝色红利"是可以实现的，这验证了假说 1。

表 7.3　　　　　　　　　　　　　　　　稳健检验

	时间趋势检验	证伪检验			样本选择检验
	（1）	（2）	（3）	（4）	（5）
	lnemp	lnpd	fd1	fd2	lnemp
treat × post		0.00308 （0.26）	−0.00128 （−0.43）	−0.00451 （−1.46）	0.0368** （2.19）
treat × post 2003	−0.00902 （−0.33）				
treat × post 2004	0.00677 （0.24）				

续表

	时间趋势检验	证伪检验			样本选择检验
	(1)	(2)	(3)	(4)	(5)
	lnemp	*lnpd*	*fd*1	*fd*2	*lnemp*
$treat \times post_{2005}$	0.00629 (0.23)				
$treat \times post_{2006}$	-0.00587 (-0.21)				
$treat \times post_{2007}$	-0.00663 (-0.24)				
$treat \times post_{2008}$	-0.00964 (-0.37)				
$treat \times post_{2009}$	0.00969 (0.38)				
$treat \times post_{2010}$	0.0297 (1.24)				
$treat \times post_{2011}$	0.0390 * (1.69)				
$treat \times post_{2012}$	0.0289 (1.27)				
$treat \times post_{2013}$	0.0537 ** (2.39)				
控制变量	YES	YES	YES	YES	YES
常数项	8.401 *** (13.57)	5.232 *** (10.75)	0.105 (0.87)	0.853 *** (6.80)	8.620 *** (11.73)
年份控制	YES	YES	YES	YES	YES
城市控制	YES	YES	YES	YES	YES
N	3187	3187	3206	3206	2460
R^2	0.491	0.040	0.817	0.589	0.432

注：实证的结果均由 stata13 计算并整理得出；( ) 内为 t 值，***、**、* 分别表示1%、5%、10%的显著性水平。

2. 扩展性分析：治理责任分配制度、市场激励型环境政策与"双重红利"的实现

此部分主要通过对模型（7.8）和模型（7.10）进行回归以验证市场激励型环境政策能否实现"双重红利"。表7.4 的第（1）列和第（2）列将 SO_2 排放量（$lnso_2$）作为被解释变量，第（3）列和第（4）列中的被解释变量为烟尘排放量（$lnsm$）。第（1）列和第（2）列中，无论是基准回归还是平行趋势检验，市场激励型环境政策均未对 SO_2 排放量产生显著的影响。同时，尽管第（3）列的回归系数为负，但并不显著，加之第（4）列的回归结果同样不显著，可以判断，并无证据表明仅仅实施市场激励型环境政策可以实现"双重红利"。欲考察这一制度发挥作用的前提条件，需要加入治理责任分配制度以进一步分析。

表7.4 市场激励型环境政策对污染物排放的影响

	（1）	（2）	（3）	（4）
	$lnso_2$	$lnso_2$	$lnsm$	$lnsm$
$treat \times post$	0.00946 (0.20)		−0.0236 (−0.44)	
$treat \times post_{2003}$		0.153* (1.77)		0.149 (1.52)
$treat \times post_{2004}$		0.0897 (1.03)		0.114 (1.16)
$treat \times post_{2005}$		0.00728 (0.08)		−0.0143 (−0.15)
$treat \times post_{2006}$		−0.106 (−1.22)		−0.0654 (−0.67)
$treat \times post_{2007}$		−0.0867 (−1.00)		−0.0724 (−0.74)
$treat \times post_{2008}$		−0.0857 (−1.04)		−0.0190 (−0.20)
$treat \times post_{2009}$		−0.0226 (−0.28)		−0.0551 (−0.61)

续表

	（1）	（2）	（3）	（4）
	$lnso_2$	$lnso_2$	$lnsm$	$lnsm$
$treat \times post_{2010}$		0.0691 （0.91）		−0.143* （−1.67）
$treat \times post_{2011}$		−0.0498 （−0.69）		−0.0746 （−0.91）
$treat \times post_{2012}$		−0.155** （−2.20）		−0.0823 （−1.03）
$treat \times post_{2013}$		−0.0173 （−0.25）		−0.0623 （−0.78）
常数项	5.107*** （2.65）	5.289*** （2.75）	12.77*** （5.87）	12.92*** （5.94）
控制变量	YES	YES	YES	YES
年份控制	YES	YES	YES	YES
城市控制	YES	YES	YES	YES
N	3188	3188	3181	3181
R^2	0.187	0.192	0.149	0.152

注：实证的结果均由 stata13 计算并整理得出；（）内为 t 值，***、**、*分别表示1%、5%、10%的显著性水平。

3. 进一步研究：市场激励型环境政策发挥作用的条件

上文的实证研究发现市场激励型环境政策未必能够实现"双重红利"，不可忽视的是，市场激励型环境政策要想真正落地实施需要前期的治理责任分配制度能够严格执行。本部分采用两种方法验证治理责任分配制度是否影响到市场激励型环境政策的作用：根据是否实施"两控区"政策将样本城市重新分组；引入"约束性污染控制"政策与排污权交易制度的交叉项来检验市场激励型环境政策发挥作用的条件。

表7.5中第（1）列和第（2）列采用重新选择对照组的方法，对模型（7.8）加以回归，第（3）列和第（4）列对模型（7.10）进行

回归以考察"约束性污染控制"政策的影响。第（1）列中的对照组为仅实施"两控区"政策但未实施排污权交易制度的地区，第（2）列的对照组为既不实施"两控区"政策也不实施排污权交易制度的地区。第（1）列交叉项系数为0.00836，但是该值在10%水平上无法拒绝交叉项系数为0的原假设，说明在"两控区"范围内，实施排污权交易制度的地区和未实施该制度的地区就业未发生明显差异，也就是说，仅实施排污权交易制度无法保证"蓝色红利"是显著的。结合第（2）列的回归结果来看，交叉项系数为0.0372，且在5%水平上显著为正，说明与未实施"两控区"政策和排污权交易制度的城市相比，实施这两项政策的城市的就业显著上升。综合这两个回归结果可初步得到结论，治理责任分配制度有助于市场激励型环境政策实现"蓝色红利"。

以上结论成立的假设前提是治理责任分配制度在各城市真正得以落实，为保证实证结果的严谨性，本章进一步考察假设前提是否符合现实。数据统计显示，"十五"规划期间全国未完成SO_2减排任务，此后的"十一五"规划明确将污染物减排作为约束性指标，且与地方政府官员晋升挂钩，在此期间，减排任务超额完成。这一现象说明，总量控制政策在"十一五"规划之后实施更为严格，减排绩效较好。因此，总量控制政策的考察还需结合"两控区"和"十一五"规划。为此，对模型（7.10）进行回归，结果在表7.5的第（3）列和第（4）列中展示。第（3）列的对照组缩减为仅实施"两控区"政策的样本，第（4）列的对照组缩减为既不实施"两控区"政策也未实施排污权交易制度的样本。第（3）列系数γ_1的回归结果在10%水平上不显著，说明"十一五"规划前后，"两控区"范围内实施排污权交易制度的地区和未实施该制度的地区就业未发生明显差异。然而，第（4）列后者结果也为正，且在5%水平上显著，这说明"十一五"规划之后，较之未实施"两控区"政策和排污权交易制度的城市，同时实施这两个政策的城市就业明显增加。比较第（3）列和第（4）列的回归结果可见，同时实施总量控制政策和市场激励型环境政策的地区可获得"蓝色红利"，仅实施市场激励型环境政策的地区，其"蓝色红利"并不显著。结合上述回归结果可以得出结论：严格的治理责任分配制度有助于市场激励型环境政策实现"蓝色红利"，证明假说 2 在本研究中是成立的。

与验证"蓝色红利"的前提条件的步骤一样，表 7.6 和表 7.7 报告了关于"绿色红利"实现条件的回归结果。两个表格的第（1）列和第（2）列都是基于模型（7.8）的回归结果，第（1）列中的对照组为仅实施"两控区"政策的地区，第（2）列的对照组为既不实施"两控区"政策也不实施排污权交易制度的地区。第（3）列和第（4）列对模型（7.10）进行回归。第（3）列的对照组为仅实施"两控区"政策的样本，第（4）列的对照组为既不实施"两控区"政策也未实施排污权交易制度的样本。从表 7.6 和表 7.7 中的回归结果可知，一方面，仅实施排污权交易制度和"两控区"政策，无法证明污染物减排量显著大于未实施该政策的地区；另一方面，将污染物排放量作为"约束性指标"后，排污权交易制度明显降低了样本城市的 SO_2 和烟尘排放量。从这两方面的结论可见，严格的治理责任分配制度使市场激励型环境政策实现了"绿色红利"。结合表 7.5 的回归结果可知，严格的治理责任分配制度是市场激励型环境政策实现"双重红利"的前提条件，证明了推论在本章中是成立的。

表 7.5　　　　　　　　　　实现"蓝色红利"的前提条件

	（1）	（2）	（3）	（4）
	lnemp	*lnemp*	*lnemp*	*lnemp*
$treat \times post1 \times post2$			−0.0194 （−1.38）	0.0358 ** （2.05）
$treat \times post$	0.00836 （0.60）	0.0372 ** （2.27）	0.0246 （1.35）	0.00877 （0.41）
常数项	9.344 *** （15.06）	7.566 *** （9.30）	9.286 *** （14.93）	7.517 *** （9.25）
控制变量	YES	YES	YES	YES
年份控制	YES	YES	YES	YES

续表

	（1）	（2）	（3）	（4）
城市控制	YES	YES	YES	YES
N	2430	2213	2430	2213
R^2	0.616	0.458	0.616	0.459

注：实证的结果均由 stata13 计算并整理得出；（）内为 t 值，***、**、* 分别表示 1%、5%、10% 的显著性水平。

表 7.6　　　实现"绿色红利"的前提条件：以二氧化硫排放量为例

	（1）	（2）	（3）	（4）
	$lnso_2$	$lnso_2$	$lnso_2$	$lnso_2$
$treat \times post1 \times post2$			-0.125*** （-2.69）	-0.119** （-2.20）
$treat \times post$	0.0686 （1.36）	0.0189 （0.42）	0.123** （2.07）	0.162** （2.46）
常数项	-2.100 （-0.84）	4.355** （2.12）	4.136** （2.01）	-1.580 （-0.63）
控制变量	YES	YES	YES	YES
年份控制	YES	YES	YES	YES
城市控制	YES	YES	YES	YES
N	2216	2431	2431	2216
R^2	0.200	0.243	0.246	0.202

注：实证的结果均由 stata13 计算并整理得出；（）内为 t 值，***、**、* 分别表示 1%、5%、10% 的显著性水平。

表 7.7　　　实现"绿色红利"的前提条件：以烟尘排放量为例

	（1）	（2）	（3）	（4）
	$lnsm$	$lnsm$	$lnsm$	$lnsm$
$treat \times post1 \times post2$			-0.157*** （-2.84）	-0.119** （-2.07）
$treat \times post$	0.0137 （0.26）	0.00464 （0.09）	0.136* （1.91）	0.107 （1.53）

	（1）	（2）	（3）	（4）
	lnsm	*lnsm*	*lnsm*	*lnsm*
常数项	7. 950 *** （2. 99）	15. 17 *** （6. 15）	14. 88 *** （6. 04）	8. 466 *** （3. 18）
控制变量	YES	YES	YES	YES
年份控制	YES	YES	YES	YES
城市控制	YES	YES	YES	YES
N	2209	2425	2425	2209
R^2	0. 174	0. 167	0. 170	0. 176

注：实证的结果均由 stata13 计算并整理得出；（ ）内为 t 值，***、**、* 分别表示 1%、5%、10% 的显著性水平。

本章研究了以排污权交易制度为代表的市场激励型环境政策能否实现"双重红利"，且验证治理责任分配制度能否成为其前提条件。通过理论分析和实证检验发现：（1）市场激励型环境政策可实现"蓝色红利"，量化结果显示，实施市场激励型环境政策可使就业上升约 4.08%。（2）严格的治理责任分配制度是市场激励型环境政策实现"双重红利"的前提条件，采用"两控区"政策和国家"十一五"规划作为治理责任分配制度的代表进行实证研究，结果发现，实施治理责任分配制度的样本就业人数更多、污染物排放量更少。实现了"双重红利"。这两点结论说明，在治理责任分配到企业基础上，市场激励型环境政策可以实现"双重红利"。因此，应在合理分配治理责任基础上，充分发挥市场的优势来激励企业主动治理污染，这也是推进多元参与的环境治理体系形成的一条路径。

第八章　考核评价指标与企业决策

第七章说明在环境治理责任分配到企业基础上，企业可充分运用市场工具的作用来获得"双重红利"，从而达到积极参与环境治理的效果，最终成为激励多元参与的一条重要路径。本章将分析考核评价指标如何影响企业决策，进而成为激励多元参与的另一条路径。具体而言，如果考核评价指标更重视经济，地方政府倾向于降低环境门槛来大量引入企业以促进经济增长，与其他地区企业相比，这些企业因地环境成本获得了竞争力。如果考核评价指标对节能减排的要求越来越严格，企业选址将受到影响。这种"自上而下"的考核评价指标实际上也是对企业做出的考核评价指标，这将影响到企业决策。如果合理利用考核评价指标体系的作用，可以激励企业主动参与治污，从而成为多元参与的另一条重要路径。

第一节　考核评价指标对企业选址的影响机制

企业选址决策与地方政府考核评价指标有很大关系。经济绩效指标、环境绩效指标等均由中央政府统一制定、地方政府执行，地方政府在完成考核评价指标时会有选择地引入不同类型企业，从而对企业参与环境治理的积极性产生影响。近些年来，环境保护的责任已经落实到基层政府，且纳入考核评价指标范围。为保证环境绩效指标高质量完成，一方面，环境治理的"条块"协调机制逐渐建立，环境保护逐渐纳入考核评价机制（祁毓等，2014）。另一方面，环境绩效指标考核越来越严格，"国家十五规划纲要"将减排量作为可持续发展的主要预期目标之一，"十一五"规划则首次将节能减排作为约束性要求。2011 年颁布的国家环境保护"十二五"规划中进一步强调落实环境国有责任制、加强组织领导的考核。王班班等（2021）发现"河长制"利于降低企业污染物排放。由此可见，对环境绩效指标要求提高后，环境治理执行可能较为严格，这将影响到企业选址。

考虑到经济绩效指标，企业选址的影响因素将变得复杂：（1）财政支出问题。从地方政府财政支出看，与电力、运输等基础设施不同，城市绿地等公共设施主要服务于当地居民而非招商引资，地方政府缺乏为此竞争的动力，相关研究证明分权显著减少了城市公用设施的供给，扩大了公共服务差距（傅勇和张晏，2007；傅勇，2010；吉富星和鲍曙光，2019）。（2）财政收入问题。"分税制"改革以来，中央和地方间财税分配格局发生变化，中央财政收入比重上升，地方财政收入比重下降。财政收入激励地方政府发展经济（吕冰洋和陈怡心，2022）。

若经济绩效指标在考核评价指标体系中占据上风，环境治理的执行将存在阻碍。在其他条件不变的情况下，对经济绩效指标要求越高，地方政府越倾向于牺牲环境来发展经济：第一，对经济绩效指标越重视，地方政府越倾向于降低环境治理来吸引企业，以保证经济指标顺利完成；第二，为追求经济绩效，地方政府财政支出更愿意投入到经济效益较高的项目，而非短期内难以取得经济效益的环保项目；第三，经济绩效指标完成越好，地方政府从中收获的财政收入越多，这种"经济激励"也使地方政府倾向于降低环境治理来吸引企业选址。由此可见，对经济绩效指标要求提升也将影响企业选址。

第二节　研究设计与数据处理

1. 模型设定

（1）中介效应模型：环境绩效指标对企业选址的影响。考察环境绩效指标对企业选址的影响需要采用中介效应模型。中介效应模型的构建包括三个基本步骤（温忠麟和叶宝娟，2014）：将因变量对基本自变量进行回归；将中介变量（环境绩效指标）对基本自变量进行回归；将因变量同时对基本自变量和中介变量进行回归。由如下三个方程组成：

$$\ln\lambda_{it} = a_0 + a_1 rpol_{it-1} + a_2 pow_{it-1} + a_3 den_{it-1} + a_4 wage_{it-1} + a_5 road_{it-1} +$$
$$a_6 tel_{it-1} + a_7 st_{it-1} + \alpha_i + e_{it} \tag{8.1}$$

$$ers_{it} = b_0 + b_1 rpol_{it-1} + b_2 pow_{it-1} + b_3 den_{it-1} + b_4 wage_{it-1} + b_5 road_{it-1} +$$
$$b_6 tel_{it-1} + b_7 st_{it-1} + \alpha_i + e_{it} \tag{8.2}$$

$$\ln\lambda_{it} = c_0 + c_1 rpol_{it-1} + c_2 ers_i t - 1 + c_3 pow_{it-1} + c_4 den_{it-1} + c_5 wage_{it-1} +$$
$$c_6 road_{it-1} + c_7 tel_{it-1} + c_8 st_{it-1} + \alpha_i + e_{it} \tag{8.3}$$

方程（8.1）的系数 a_1 为环境绩效指标（$rpol$）对企业选址影响的总效应；方程（8.2）的系数 b_1 是自变量环境绩效指标对中介变量环境治理（ers）的影响；方程（8.3）的系数 c_1 是在控制了中介变量 ers 的影响后，自变量 $rpol$ 对因变量产生的直接效应，系数 c_2 是在控制了环境绩效指标 $rpol$ 的影响后，中介变量环境治理 ers 对因变量的影响。中介效应等于系数乘积 $c_2 \times b_1$，它与总效应和直接效应的关系为，$a_1 = c_1 + c_2 \times b_1$。

（2）中介效应模型：经济绩效指标对企业选址的影响。同样地，考察经济绩效指标对企业选址的影响，也需要采用中介效应模型，方程设定如下：

$$\ln\lambda_{it} = a_0 + a_1 pgdp_{it-1} + a_2 pow_{it-1} + a_3 den_{it-1} + a_4 wage_{it-1} + a_5 road_{it-1} +$$
$$a_6 tel_{it-1} + a_7 st_{it-1} + \alpha_i + e_{it} \tag{8.4}$$

$$ers_{it} = b_0 + b_1 pgdp_{it-1} + b_2 pow_{it-1} + b_3 den_{it-1} + b_4 wage_{it-1} + b_5 road_{it-1} +$$
$$b_6 tel_{it-1} + b_7 st_{it-1} + \alpha_i + e_{it} \tag{8.5}$$

$$\ln\lambda_{it} = c_0 + c_1 pgdp_{it-1} + c_2 ers_i t - 1 + c_3 pow_{it-1} + c_4 den_{it-1} + c_5 wage_{it-1} +$$
$$c_6 road_{it-1} + c_7 tel_{it-1} + c_8 st_{it-1} + \alpha_i + e_{it} \tag{8.6}$$

方程（8.4）的系数 a_1 为经济绩效指标 $pgdp$ 对企业选址的总效应；方程（8.5）的系数 b_1 是自变量经济绩效指标对中介变量环境治理 ers 的影响；方程（8.6）的系数 c_2 是在控制了自变量 $pgdp$ 的影响后，中介变量 ers 对因变量影响的效应，系数 c_1 是在控制了中介变量 ers 的影响后，自变量 $pgdp$ 对因变量影响的直接效应。中介效应等于间接效应，即等于系数乘积 $c_2 \times b_1$，它与直接相应相加等于总效应，即 $a_1 = c_1 + c_2 \times b_1$。

2. 变量选择①

综合以往学者研究，本部分选择以下控制变量：（1）能源供应（pow）。采用人均用电量（吨/人）代表能源供应情况。（2）劳动力成本（$wage$）。劳动力成本是企业成本重要组成部分，用一个城市平均工资代表。（3）人口密度（den）。人口密度的高低可反映市场需求的大小，一般采用单位面积的人口数来代表。（4）基础设施建设。王永进等（2010）采用人均公路里程（$road$）和人均电话线长度（$tele$）代表基础设施建设，刘秉镰等（2010）采用公路密度和铁路密度代表基础设施建设。考虑到数据可得性，采用城市人均道路面积（平方米/人）（$road$）和人均移动电话数量（tel）代表基础设施建设。（5）科技水平（st）。加入人均科学技术和教育支出以控制各城市对科技的重视程度。（6）地理位置。因东部地区具有便利的交通和更好的经济基础，企业倾向于选择东部地区，加入地区虚拟变量，处于东部地区的城市为1，其他为0。

3. 数据处理

《中国工业企业数据库》提供了规模以上企业成立的时间等信息，据此，选取了新建规模以上企业的数目、新建重污染企业数目、新建低污染企业数目等与企业选址有关的数据，关于城市层面指标的数据来源于《中国城市统计年鉴》。对这两个数据库进行匹配后，最终选择2003—2008年255个城市样本，因2008年之后中国工业企业数据库有大量指标缺乏因统计口径变化较大，为保证结论严谨性采用2008年之前的数据。

表8.1　　　　　　　　　　　　**变量描述统计**

变量名称	变量符号	观测值	均值	标准差	最小值	最大值
新建企业（个）	new	1530	247.6954	538.3289	1	7276
新建高污染企业（个）	$pnew$	1529	106.5441	200.4553	1	3242

① 环境治理指标、环境绩效指标和经济绩效指标与第五章和第六章相同，在此不再赘述。

变量名称	变量符号	观测值	均值	标准差	最小值	最大值
新建低污染企业（个）	cnew	1518	142.3373	349.377	1	4400
新建高污染企业生产率均值（无量纲）	pp	1259	2.733106	0.502256	-1.60475	5.478703
新建低污染企业生产率均值（无量纲）	cp	1271	2.706295	0.431574	0.291896	4.218754
新建高生产率企业（个）	hpnew	1529	159.2054	403.1174	1	6605
新建低生产率企业（个）	lpnew	1270	106.1433	230.9957	1	3794
新建高生产率高污染企业（个）	hppnew	1524	67.10236	143.3874	1	2491
新建低生产率高污染企业（个）	lppnew	1261	47.82791	94.7417	1	1752
新建高生产率低污染企业（个）	hpcnew	1524	92.61417	266.6801	0	4151
新建低生产率低污染企业（个）	lpcnew	1261	59.05472	141.8545	0	2042
环境治理（无量纲）	ers	1509	0.5594131	0.743784	0.004898	8.196618
环境考核评价指标（某个城市减排率与省份内城市平均值之差）（无量纲）	rpol	1271	-0.0000744	0.059925	-0.68753	0.320016
经济考核评价指标（某个城市人均GDP对数与省份内城市平均值之差）（无量纲）	pgdp	1526	1.499289	3.420939	-1.40775	11.00473
人均用电量（度/人）	pow	1522	1509.03	2747.895	33.00926	29402.29
人口密度（人/平方公里）	den	1530	436.446	313.4749	4.7	2661.54
平均工资（元）	wage	1530	17526.69	7218.079	9.81	118685.3
人均道路面积（平方米/人）	road	1528	214.4349	956.8751	0.78	21490
移动电话（部/人）	tel	1530	0.4215639	0.627274	0	8.68255
人均科技支出（元/人）	st	1530	360.0273	401.1295	69.47019	6917.701

资料来源：根据《中国工业企业数据库》《中国城市统计年鉴》的相关指标整理。

第三节　考核评价指标与企业选址间关系的实证分析

涉及本章研究主题，考核评价指标的影响有两方面：第一，环境绩效指标通过环境治理水平对企业选址产生影响；第二，经济绩效指标对企业选址的影响通过环境治理起作用。本部分将构建中介效应模型，研究考核评价指标如何通过环境治理影响企业选址。

（1）环境绩效指标对企业选址的影响。表8.2中的第（1）列为总效应，环境绩效指标的估计系数虽然为正，但在10%水平上无法拒绝系数等于0的原假设，即使如此还需进一步分析。第（2）列中环境绩效指标对环境治理影响的系数为 − 0.321，并通过了5%水平的显著性检验，也就是说一个城市减排率比省份内其他城市高1个百分点，污染物去除率将上升0.321个百分点。这表明对环境绩效要求越高的地区，环境治理水平也越高，提高对环境绩效的要求能够起到节能减排的实际效果。

第（3）列展示了因变量对基本自变量和中介变量的回归结果，发现环境绩效指标的系数显著为正（ $rpol$ 越小代表减排越多），意味着环境绩效越好的地区，企业越难以进入，这也与"污染避难所效应"理论相符。中介变量环境治理的系数为 − 0.471，说明加强环境治理能够抑制企业选址，这与 Becker 和 Henderson（2000）、List 等（2003）的研究结论一致。第（1）—第（3）列的回归结果也印证了理论部分的结论，即环境绩效指标不仅直接对企业选址产生负向影响，且通过环境治理对企业选址产生间接的负向影响。

为确认环境治理能否成为环境绩效指标的中介变量，有必要对此进行检验（赵建春等，2015；许家云和毛其淋，2016）。检验原假设 $H_0: b_1 = 0$ 和 $H_0: c_2 = 0$ 是否成立，从第（2）列和第（3）列的回归结果可以看出，两个回归系数在10%的显著性水平上，均不等于0。为保证检验结果的稳健性，采用 Sobel（1987）的检验方法，检验回归系数的乘积项 $c_2 \times b_1$ 是否显著不等于0，通过检验统计量 $Z_{c_2 b_1} = c_2 \times b_1 / s_{c_2 b_1}$ 来检验原假设是否成立，计算得到 $Z_{c_2 b_1} = 10.485$，在1%水平上显著为正数，说明中介效应成立。进一步采取 Freedman 和 Schatzkin（1992）的方法检验环境绩效指标能否对企业选址产生间接的正向影响，检验的统计量为

$$Z_{a_1 - c_1} = (a_1 - c_1) / s_{a_1 - c_1}，\text{ 其中，} s_{a_1 - c_1} = \sqrt{s_{a_1}^2 + s_{c_1}^2 - 2 s_{a_1} s_{c_1} \sqrt{1 - r^2}}，r \text{ 为}$$

变量 rpol 与 ers 的相关系数。从表 8.2 的第 (1) — 第 (3) 列的回归结果可计算得到：Z_{a1-c1} = 7.196，它们乘积在 1% 的显著水平上不等于 0，证明中介效应成立。

　　(2) 环境绩效指标对异质性企业选址的影响。依照中介效应检验的步骤分析了环境绩效指标对高污染企业、低污染企业选址的直接和间接影响，结果如表 8.2 的第 (4) — 第 (7) 列所示。环境绩效指标对企业选址的负向影响在低污染企业样本中较大，环境绩效指标越严格越不利于低污染行业发展。将生产率考虑在内分析环境绩效指标对低污染企业选址影响较大的原因。表 8.3 是具体回归结果，环境绩效指标通过环境治理水平对低生产率企业选址产生较大的负向影响。与此同时，统计描述部分也发现，低污染行业的低生产率企业个数远远大于高污染行业的低生产率个数。可以认为，环境绩效指标实质上通过生产率对企业选址发挥作用，低生产率的企业所受影响更大。

　　(3) 经济绩效指标对企业选址的影响。引入经济水平作为经济绩效来分析经济绩效指标对企业选址的影响，回归结果如表 8.4 所示。第 (1) 列显示，人均 GDP 增加能够促进企业选址，说明经济绩效好或者经济发展水平较高的地区更能吸引企业选址；第 (2) 列说明人均 GDP 上升可降低污染物去除率，这在大部分研究中也有涉及，一是反映了环境库兹涅茨曲线前半段，二是反映地方政府为提高经济绩效放松环境治理。按照以上步骤进行中介效应检验，发现经济绩效指标对企业选址的间接效应显著为正。综合第 (1) — 第 (3) 列，经济绩效指标提升对企业选址的直接效应和间接效应应均为正数。这说明，提高对经济发展水平的要求能够吸引更多企业落户。

　　(4) 经济绩效指标对异质性企业选址的影响。进一步比较经济绩效指标对高污染企业和低污染企业选址的影响可发现：经济绩效的提高更利于低污染企业选址，而且其直接影响和间接影响均大于高污染企业。表 8.4 中第 (4) 列和第 (7) 列是经济绩效指标对企业选址的影响在不同污染程度企业样本中的表现。第 (4) 列和第 (5) 列是经济绩效指标对高污染企业的影响，第 (6) 列和第 (7) 列考察了经济绩效指标对低污染企业选址的影响。比较两种影响发现，经济绩效指标对低污染企业的直接和间接影响均大于高污染企业，因此，激励地方政府提升经济绩效能够吸引更多的低污染企业选址。同样的，本章也分析经济绩效考核对低污染企业选址影响较大的原因。表 8.5 是关于经济绩效考核对不同生产率企业选址影响的回归结果，从中可见，经济考核指标对低生产率企业选址的正向促进作用更大，结合统计描述部分可见，经济绩效指标影响低生产率企业选址是主要原因。

总之，考核评价指标对企业选址产生直接影响，并通过环境治理对企业选址产生间接影响。就环境绩效指标而言，环境绩效的提升抑制了企业选址，且对低污染、低效率企业的抑制作用更大；就经济绩效指标而言，提高对经济绩效的要求，利于企业选址，且更利于低污染、低效率企业选址。

表 8.2　　　　　　　　　　　环境绩效指标对企业选址的影响

被解释变量	新建企业数量	ers	新建企业数量	新建高污染企业数量	新建高污染企业数量	新建低污染企业数量	新建低污染企业数量
	(1)	(2)	(3)	(4)	(5)	(6)	(7)
$rpol_{t-1}$	0.587 (1.37) (−2.43)	−0.321 ** (1.75)	0.738 *	0.590 (1.27)	0.654 (1.41)	0.419 (0.95)	0.643 (1.58)
ers_{t-1}			−0.471 * (−6.93)		−0.372 *** (−6.68)		−0.672 *** (−6.64)
控制变量	控制	控制	控制	控制	控制	控制	控制
地区	控制	控制	控制	控制	控制	控制	控制
时间	控制	控制	控制	控制	控制	控制	控制
观测值	1013	994	1004	1012	1003	1006	997
Logl likelihood	−1800.121 ***		−1776.382 ***	−1725.335 ***	−1704.049 ***	−1735.628 ***	−1703.840 ***

注：实证结果均由 Stata 13 计算并整理得出，（ ）内为 t 值，***、**、* 分别表示1%、5% 和 10% 的显著性水平。

表 8.3　　　　　　　　　环境绩效指标对不同生产率企业选址的影响

被解释变量	*ers*	新建高生产率企业数量	新建高生产率企业数量	新建低生产率企业数量	新建低生产率企业数量
	(1)	(2)	(3)	(4)	(5)
$rpol_{t-1}$	-0.321 ** (-2.43)	0.627 (1.45)	0.782 * (1.83)	0.336 (0.68)	0.496 (1.02)
ers_{t-1}			-0.473 *** (-6.68)		-0.552 *** (-6.19)
控制变量	控制	控制	控制	控制	控制
地区	控制	控制	控制	控制	控制
时间	控制	控制	控制	控制	控制
观测值	994	1012	1003	756	750
Logl likelihood		-1740.863 ***	-1716.609 ***	-1278.574 ***	-1260.404 ***

注：实证结果均由 Stata 13 计算并整理得出，( ) 内为 t 值，***、**、* 分别表示 1%、5% 和 10% 的显著性水平。

表 8.4　　　　　　　　　经济绩效指标对企业选址的影响

被解释变量	新建企业数量	*ers*	新建企业数量	新建高污染企业数量	新建高污染企业数量	新建低污染企业数量	新建低污染企业数量
	(1)	(2)	(3)	(4)	(5)	(6)	(7)
$pgdp_{t-1}$	0.175 *** (2.77)	-0.00329 * (-1.95)	0.161 *** (2.76)	0.141 *** (2.87)	0.133 *** (2.86)	0.190 ** (2.54)	0.174 ** (2.50)
ers_{t-1}			-0.258 *** (-4.26)		-0.195 *** (-3.82)		-0.391 *** (-4.07)
控制变量	控制	控制	控制	控制	控制	控制	控制
地区	控制	控制	控制	控制	控制	控制	控制
时间	控制	控制	控制	控制	控制	控制	控制
观测值	1264	1248	1249	1263	1248	1257	1242
Logl likelihood	-2222.493 ***		-2193.879 ***	-2133.532 ***	-2106.380 ***	-2128.826 ***	-2098.439 ***

注：实证结果均由 Stata 13 计算并整理得出，( ) 内为 t 值，***、**、* 分别表示 1%、5% 和 10% 的显著性水平。

表8.5 经济绩效指标对不同生产率企业选址的影响

被解释变量	ers	新建高生产率企业数量	新建高生产率企业数量	新建低生产率企业数量	新建低生产率企业数量
	(1)	(2)	(3)	(4)	(5)
$pgdp_{t-1}$	−0.00329 * (−1.95)	0.147 ** (2.51)	0.136 ** (2.45)	0.174 *** (0.68)	0.159 *** (2.71)
ers_{t-1}			−0.319 *** (−3.77)		−0.266 *** (−4.13)
控制变量	控制	控制	控制	控制	控制
地区	控制	控制	控制	控制	控制
时间	控制	控制	控制	控制	控制
观测值	1248	1006	994	1263	1248
Logl likelihood		−1684.251 ***	−1661.298 ***	−2149.741 ***	−2121.402 ***

注：实证结果均由 Stata 13 计算并整理得出，（ ）内为 t 值，***、**、* 分别表示1%、5%和10%的显著性水平。

本章分析了考核评价指标对企业决策的影响机制，试图明晰考核评价指标设计能否激励企业积极治污。结果发现：（1）考核评价指标不仅直接影响企业选址，还通过环境治理对企业选址产生间接影响。加强对环境绩效的要求会减少企业选址，不同程度污染企业均受影响，低效率企业受影响最大。（2）关于经济绩效指标，提高对经济发展水平要求可直接增加企业数量，同时通过环境治理对企业选址产生正向影响，这种正向影响体现在不同污染程度以及低效率企业。这两点给我们的启示是，经济绩效指标在考核评价指标体系中依然占据主导地位，其对企业决策的影响较大且较为显著。而提升环境绩效指标在考核评价指标体系中的地位更可能会把低效率企业排除在外，同时还通过提升环境规制水平间接影响不同污染程度的企业选址。以此为依据，如果对企业同样展开考核，企业将更有积极性减少污染和提高生产率。说明平衡好经济绩效指标和环境绩效指标之间的关系能够激励企业参与治污和提升效率，从而成为鼓励多元参与的另一条重要路径。

第九章 企业比较优势受环境治理影响

第一篇已证明"块状治理"模式带来的"逐底竞争"和"污染避难所"问题，要解决这一问题不仅需要政府发挥其在环境治理中的主导作用，也需要企业和社会力量积极参与。第二篇试图寻找激励多元参与的突破口。政府在环境治理体系构建中发挥的主导作用业已成熟，其环境治理的经验可适当推广至企业和社会力量之中，从诸多政府治理经验之中找到了治理责任分配和考核评价指标体系设计两个突破口，这两点不仅调动了各层政府参与环境治理的积极性，更缓解了"块状治理"模式带来的问题。第三篇以第二篇为基础，论证政府环境治理的经验推广至企业后，能否激励企业积极参与到环境治理之中。从第七章和第八章的研究结论中可见，合理的治理责任分配和考核评价指标体系可激励企业积极参与环境治理，这是多元参与的两条重要路径。在明确路径的基础上，第九章则进一步分析企业积极参与环境治理面临的困难。也就是说，即使路径清晰，若不解决企业面临的难题，多元参与也难以维持。

对于企业而言，若环境治理影响到其比较优势，企业积极参与环境治理的积极性将大大下降。依据 Melitz（2003）的异质性企业贸易理论，国际贸易实际上是一种稀缺资源，生产率最高的企业才能占据这种资源，从而进入出口市场，生产率次高的企业进入国内市场，生产率最低的企业退出市场。由此可推断，企业在生产某种产品上具有比较优势（生产率相对较高），才能进入出口市场。如果环境治理不利于企业出口，也就意味着对企业比较优势产生负面影响，这是企业主动参与环境治理所面临的重大难题。

在诸多贸易壁垒中，环境壁垒对企业比较优势的影响不容忽视。例如，欧盟曾对中国的出口玩具实施绿色壁垒，这明显抑制了中国对欧盟的玩具出口（李昭华和蒋冰冰，2009）。应对绿色壁垒，企业必须提高治污技术和生产技术水平，国内日渐严格的科技标准是主动应对绿色壁垒的一项有效措施，其合理运用不仅会提高企业的清洁生产技术，还可能倒逼企业提升生产技术，进而提高生产率，从而提升比较优势。为验证这一问题，本部分以企业出口为例，采用自然实验法研究科技标准型环境治理对企业比较优势的影响及其中介机制。

第一节　环境治理对企业比较优势影响的理论机制

一　文献梳理

随着环境治理加强，要素投入不仅包含劳动力和资本，环境也成为一种生产要素（Siebert，1977）。根据比较优势理论，环境治理会影响产品尤其是污染密集型产品的比较优势。

Walter 和 Ugelow（1979）发现发达国家对环境质量要求较高，环境治理标准较为严格和完善，而发展中国家主要面临经济问题，很少关注环境问题，污染产业便从发达国家涌向发展中国家，使后者成为"污染避难所"。Copeland 和 Taylor（1994）从理论角度证明，对环保产品的偏好使高收入国家提高对环境治理的要求，进而通过自由贸易方式完成污染转移，产生"污染避难所效应"。以"污染避难所效应"为理论依据，部分学者运用 H–O–V 模型或引力模型验证环境治理对出口的影响。有学者认为"污染避难所效应"是成立的。高静和刘国光（2014）以 54 个国家 352 对南北贸易关系为样本，采用 H–O–V 模型研究发现，环境治理水平对污染密集型产品出口影响为负；任力和黄崇杰（2015）将引力模型加以扩展，加入环境治理因素，发现环境治理显著抑制了出口。也有学者认为"污染避难所效应"不成立。Tobey（1990）将环境治理作为要素禀赋纳入 H–O–V 模型之中，对 23 个国家 5 个污染密集型产业的出口进行回归，结果发现环境治理对出口的影响不显著；Beers 等

（1997）较早运用引力模型就环境治理对贸易的影响展开实证研究，也无法证明环境治理与污染密集型产品出口之间的关系成立。

之所以得到不同结论，究其原因，第一，从企业管理层面讲，以上研究从静态角度出发，仅考虑了"遵循成本"效应，未考虑"波特假说"。Costantini 和 Crepi（2008）采用引力模型检验了"波特假说"，结果发现在环境治理水平较高的部门，环保技术出口增加。而 Song 和 Sung（2013）也得出环境治理利于出口的结论，与"波特假说"的推论类似。第二，深入到企业异质性层面，以上研究是基于传统贸易理论的产业间贸易和基于新贸易理论的产业内贸易，未考虑异质性企业贸易理论。Bernard 和 Jensen（2003）以及 Melitz（2003）证明，企业生产率的异质性影响到出口。环境治理会提高企业的生产成本，从而提升出口企业的生产率门槛，企业的出口量和出口概率必将受到影响。Jug 和 Mirza（2005）通过固定"时间—行业—进口方—出口方"，控制了企业异质性，结果发现，环境治理对产品出口存在负效应。

本章将选择清洁生产标准的实施作为政策冲击，采用自然实验法考察科技标准型环境治理对企业出口的影响，主要依据为新贸易理论。考虑到了企业生产率这一反映企业异质性的变量，同时，加入"波特假说"，考虑到了企业生产率的动态性。将这些理论纳入统一分析框架，解释环境治理如何以生产成本和生产率为中介，影响到企业出口。同时，如何刺激企业提升技术水平才是环境治理的长久之策，本章采用的环境治理指标就反映了生产过程的技术控制问题。关于影响机理，环境治理通过"遵循成本"效应和"创新补偿"效应影响企业出口，企业生产成本、生产率是中介机制，下文将一一验证。

二　理论机制

环境治理的影响机制分为传统的"制约论"和"波特假说"。传统的"制约论"认为环境治理具有"遵循成本"效应。一方面，面对严格的环境治理，企业将增加用于污染治理的劳动力数量，导致企业总的劳动力成本上升。另一方面，引进先进的治污设备和治污技术，增加了固定资产投资。这两方面都导致污染治理的投资挤占产品生产的投资，降低产出，这就是"遵循成本"效应。

以上假说建立在完全竞争的一般均衡基础上，所以才有企业本身已经利润最大化的假设。然而，Porter（1991）对"制约论"提出质疑，认为以往研究基于静态行为才得到环境治理降低企业竞争力的结论，而恰当的环境治理可以引发企业通过创新来弥补"遵循成本"，产生"创新补偿"效应。进一步，Porter 和 Linde（1995）从动态角度解释了"创新补偿"效应存在的原因，企业短期内并未处于一般均衡状态，技术水平等均未达到最优，合理的环境治理能够激励企业进行治污技术创新，同时带动生产技术创新，这将提升企业生产率，增加企业产出，从而产生"创新补偿"效应。在这两大效应基础上，下文结合异质性企业贸易理论分析环境治理对企业出口的影响。

在 Melitz（2003）异质性企业贸易理论模型基础上，Helpman 等（2008）加入贸易壁垒这个因素，考察了贸易摩擦对企业出口行为的影响。本研究进一步扩展该模型，深入研究环境治理对企业出口的影响。

假设条件包括：存在 J 个国家，$j = 1, 2, \cdots, J$，每个国家有 N 个企业，产品生产是连续的，生产产品为 l；企业生产率（$1/a$）存在差异；产品间替代弹性为 $\varepsilon = 1/(1 - \alpha)$，其中 $0 < \alpha < 1$。

消费者效用函数为：

$$u_j = \Big[\int_{l \in B_j} x_j(l)^{\alpha} dl \Big]^{1/\alpha} \tag{9.1}$$

其中，$x_j(l)$ 代表产品 l 的消费数量，B_j 为消费集。

在 Dixit 和 Stiglitz（1977）的论述基础上，商品 l 的需求数量为：

$$x_j(l) = \frac{p_j(l)^{-\varepsilon} Y_j}{P_j^{1-\varepsilon}} \tag{9.2}$$

其中，Y_j 为 j 国的收入，$p_j(l) = \tau_{ij} \dfrac{c_j a}{\alpha}$ 是产品 l 的价格，P_j 是物价指数。

$$P_j = \Big[\int_{l \in B_j} p_j(l)^{1-\varepsilon} dl \Big]^{1/(1-\varepsilon)} \tag{9.3}$$

$c_j a$ 能够反映产品的边际成本，本研究对此做出改进，加入环境治理这个要素，即随着环境治理水平上升，企业治污成本 $e_j a$ 增加，这时价格方程变为：

$$p_j(l) = \tau_{ij} \frac{(c_j + e_j) a}{\alpha} \qquad (9.4)$$

设 $(c_j + e_j) = d_j$，a 的分布函数为 $G(a)$，范围是 $[a_L, a_H]$，$0 < a_L < a_H$。假设 j 国企业向 i 国出口，其生产成本与 j 国可变要素成本（d_j）、企业生产率（$1/a$）、进入 i 国市场的成本（$d_j f_{ij}$）、出口的"冰山成本"（τ_{ij}）相关。

j 国出口企业的利润函数为：

$$\pi_{ij} = (1 - \alpha) \left(\tau_{ij} \frac{d_j a}{\alpha P_i} \right)^{1-\varepsilon} Y_i - d_j f_{ij} \qquad (9.5)$$

其中，Y_i 代表 i 国收入，P_i 为 i 国物价水平。根据零利润条件，出口企业的生产率需满足的条件为：

$$(1 - \alpha) \left(\tau_{ij} \frac{d_j a^*}{\alpha P_i} \right)^{1-\varepsilon} Y_i = d_j f_{ij} \qquad (9.6)$$

只有生产率 $1/a > 1/a^*$ 时，j 国的企业才能够从事出口活动。

任力和黄崇杰（2015）将环境治理作为影响贸易成本（贸易壁垒）的因素之一计入引力模型，与之不同，本章认为环境治理将引发企业的可变成本和进入出口市场的成本上升，而非"冰山成本"。基于静态的"制约论"，"遵循成本"效应发挥主要作用。如果 j 国环境治理水平上升，企业需要增加治污的劳动力，购置治污设备、引进清洁生产技术，这些成本增加导致进入出口市场的成本 $d_j f_{ij}$ 上升，产品边际成本 $d_j a$ 也上升，进而导致企业出口的生产率边界 $1/a^*$ 上升，企业选择出口的概率将下降。基于"波特假说"，合理的环境治理能带动生产过程创新，利于生产率提升，即合理的 e_j 会提升 $1/a$。对于出口企业而言，生产率上升导致出口概率提高。总结可发现，环境治理直接影响到企业生产率，企业面临两种选择：退出出口市场或提高生产率，如果"遵循成本"效应发挥主要作用，则企业选择前者；如果"创新补偿"效应发挥主要作用，企业选择后者。

　　以上模型侧重于考察企业是否出口，对单个企业而言，环境治理门槛提高后，其决策还包括出口量的变化。一般来说，面对严格的环境治理，企业会经历先降低出口量再退出出口市场的过程，因此我们还要考虑到企业出口量。研究环境治理对企业出口量的影响需要将公式（9.6）的含义稍加转变，变为企业在不同出口量上需要满足的生产率水平条件。生产率门槛越高，企业出口量越低，反之亦然。若只考虑"遵循成本"效应，意味着生产成本 $d_j f_{ij}$ 上升，对生产率边界 $1/a^*$ 的要求提高，这时企业出口量将下降；若考虑到"创新补偿"效应，合理的 e_j 会提升企业生产率水平 $1/a$，从而弥补"遵循成本"，虽然对生产率边界的要求在提高，但是因"创新补偿"效应的作用，企业的出口量不降反增。

　　据此，提出假说：环境治理通过"遵循成本"效应降了了企业出口的概率和出口量；通过"创新补偿"效应提高出口企业生产率，从而提高企业出口的概率和出口量。

第二节　环境治理背景及研究方法选择

　　研究政策冲击影响的一个方法是自然实验法，原理是在选择恰当的政策事件基础上划分处理组和对照组，而后，采用双重差分方法观测政策实施前后处理组和对照组的变化，这一变化即是政策的影响。下文将选择清洁生产标准作为科技标准型环境治理的政策冲击，通过设定计量回归模型、选择合理的控制变量为假说的验证建立基础。

一　清洁生产标准实施背景

　　为应对日益严峻的环境问题，中国政府推出了一系列法律法规及政策，极具代表性的是《中华人民共和国环境保护法》和《中华人民共和国清洁生产促进法》，前者就环境保护作了基本规定，后者在前者的基础上将微观单位——企业的责任作了详细规定。为进一步推动清洁生产，2003 年环保部针对三个四位数代码行业制订了清洁生产标准，将企业的清洁生产技术分为国内清洁生产领先水平（国际清洁生产先进水平）、国内清洁生产先进水平、国内清洁生产基本水平。与其他环境治理标准相比，该标准对企业环保技术的规定最为细致，且针对性强，以此代表科技标准型环境治理并展开自然实验极具现实意义。

　　运用双重差分法需合理识别处理组和对照组。清洁生产标准规制的行业与《国民经济行业分类》（GB/T4754—2002）有差异，本章将中国工业企业数据库中的四位数代码行业与清洁生产标准所对应的行业进行匹配。清洁生产标准从 2003 年起实施，之后不断修订或补充，2003 年对 3 个行业实施清洁生产标准，2006 有 10 个，2007 年有 8 个，涉及的行业总结如表 9.1 所示。若以 2006 年、2007 年清洁生产标准涉及行业作为处理组，可观测政策冲击的时间太短，以 2003 年作为政策冲击，结论的可信度更高。这样，处理组是 2003 年清洁生产标准所涉及企业，对照组为其他企业。

表 9.1　　　　　　　　　　　　处理组涉及四位数行业

2003 年	2006 年	2007 年
原油加工及石油制品制造	黑色金属冶炼及压延加工业	金属表面处理及热处理加工
炼焦	食用植物油加工	纤维板制造
皮革鞣制加工	棉、化纤印染精加工	液体乳及乳制品制造
	制糖	纸浆制造
	铝冶炼	镍钴矿采选
	氮肥制造	氨纶纤维制造
	啤酒制造	电子真空器件制造
	有机化学原料制造	平板玻璃制造
	汽车制造	
	铁矿采选	

注：处理组为笔者根据历年清洁生产标准涉及行业整理。

二　模型设定

　　验证理论假说所采用的计量方法为双重差分法，我们通过比较清洁生产标准实施前后，处理组和对照组企业出口变化来分析科技标准型环境治理对企业出口的影响。借鉴 Cai 等（2016）的研究，建立如下回归模型：

$$\ln ex_{it} = \alpha_i + \alpha_t + \gamma post_t \times treat_i + \beta Z_d + \varepsilon_{it} \qquad (9.7)$$

为验证基准回归结果的稳健性，加入时间变量 $year y$，进行平行趋势检验。具体公式设定如下：

$$\ln ex_{it} = \alpha_i + \alpha_t + \beta Z + \varepsilon_{it} + \sum_{y=1998}^{2007} \gamma post_t \times treat_i \times year_y \qquad (9.8)$$

被解释变量为企业出口（$lnex$），包括出口概率和出口量，前者采用 0 – 1 变量表示，后者采用出口额的对数表示。从某种程度上讲，出口额所包含的数值范围更广，且更为准确地反映出口量，也能反映是否出口，下文主要选择出口额来表征出口的变量。i、t 分别代表企业和时间；Z 是控制变量组成的向量，包括企业规模、资本密集度、企业年龄等；α_i、α_t 分别为企业固定效应和时间固定效应，用来控制一些无法量化的企业特征、年份特征；ε_{it} 为随机误差项。$treat_i = 1$ 代表实施清洁生产标准的企业，为处理组，$treat_i = 0$ 代表未实施清洁生产标准的企业，是对照组；$post_t$ 表示时间虚拟变量，政策实施及之后年份为 1，政策未涉及的年份为 0。我们所要着重关注的是政策的平均处理效应，即系数 γ 的值。

控制变量包括：（1）企业规模（$scale$）。采用企业就业人数的对数代表；（2）资本密集度（$capital\_in$）。采用企业资本与劳动之比代表；（3）企业年龄（age）。采取当年年份减去成立年份加 1 的方法衡量；（4）企业所有制（own）。国有企业为 1，外资企业为 2，其他企业为 0。另外，在"创新补偿"效应验证的部分涉及生产率指标（tfp）。现有文献多使用 LP 方法（Levinsohn 和 Petrin，2003）和 OP 方法（Olley 和 Pakes，1996）计算。LP 方法的优势是，针对不可观测生产率冲击的代理变量，提供了几种检验合意度的方法，缺陷是忽视了样本自选择性问题。在所选样本中，可使用中间投入品作为不可观测生产率冲击的代理变量。与 LP 方法相比，OP 方法可解决样本自选择问题，因而文中选择使用 OP 方法估计企业生产率。

三 数据处理

本章的数据来源于中国工业企业数据库。中国工业企业数据库由国家统计局每年对全部国有及规模以上非国有（销售额在 500 万元以上）的大中型工业企业指标统计整理得到。数据库中提供了每家企业的详细信息，包括企业经营成果数据，如产值、增加值等指标，也包括企业自身特征，如法人代码、所属行业、所有制类型等指标。因 2008 年之后的数据缺少增加值、中间投入等重要指标，样本区间选定 1998—2007 年。

第三节　环境治理对企业出口的影响

本部分包括基准回归、稳健性检验和影响机制分析。首先，基准回归考察科技标准型环境治理对企业出口的影响方向。其次，基于自然实验的双重差分法，需要满足随机分组、样本同质性、政策随机、对照组不受政策影响、政策实施的唯一性五个条件（陈林和伍海军，2015），据此对基准回归结果一一检验。最后一部分为影响机制分析，主要考察环境治理是否发挥了"遵循成本"效应，抑制了企业出口，以及是否发挥了"创新补偿"效应，促进了企业出口。

一 基准回归结果

面对清洁生产标准规制，企业有两种选择，可通过增加污染治理成本的方式来达到清洁生产标准，也可通过产品创新和生产过程创新的方式，减少污染物排放，达到清洁生产标准，前者挤占企业生产成本，不利于企业出口，后者提高企业生产率，利于企业出口。详细回归结果如表 9.2 所示。表 9.2 是对公式（9.7）进行回归的结果，均控制企业固定效应和时间固定效应。五列回归结果在被解释变量、解释变量以及回归方法的选择方面均存在差别。前两列的区别在于，第（1）列未加入控制变量，为剔除企业规模、资本密集度等其他因素对企业出口的影响，第（2）列加入了控制变量。研究结果发现，第（1）列中，清洁生产标准对企业出口的影响在10%水平上未拒绝系数为0的原假设。加入一系列控制变量后，第（2）列的回归结果显示，清洁生产标准对企业出口产生负向影响，其系数为 - 0.145，且这一影响在1%的显著水平上成立。结果表明，与不受清洁生产规制影响的企业相比，受清洁生产标准规制的企业出口额降低了14.5%。后三列采用Probit方法就企业是否出口以及进入、退出进行了回归，结果发现，清洁生产标准降低了企业出口和进入的概率，提高了企业退出的概率。五列的回归结果均证明，环境治理抑制了企业出口。

表9.2　　　　　清洁生产标准对企业出口影响的基准回归结果

变量	（1）出口额	（2）出口额	（3）是否出口	（4）企业进入	（5）企业退出
$treat \times post$	- 0.0435 (- 1.01)	- 0.145 *** (- 3.17)	- 0.654 *** (- 18.08)	- 0.0478 *** (- 3.40)	0.135 *** (7.15)
scale		0.575 *** (121.65)	0.492 *** (187.79)	- 0.191 *** (- 175.72)	- 0.205 *** (- 136.58)
capital_ in		0.0988 *** (36.58)	- 0.0196 *** (- 11.00)	- 0.0781 *** (- 100.71)	- 0.0776 *** (- 74.09)
age		0.0495 *** (11.30)	0.0383 *** (14.70)	- 0.440 *** (- 355.33)	0.111 *** (60.80)
own2		0.0699 *** (5.88)	- 0.821 *** (- 85.22)	- 0.180 *** (- 40.74)	0.137 *** (29.32)
own3		0.154 *** (13.28)	0.937 *** (156.95)	- 0.169 *** (- 56.44)	- 0.267 *** (- 59.18)
常数项	2.161 *** (354.27)	- 1.055 *** (- 37.11)	- 4.244 *** (- 262.92)	1.057 *** (174.95)	- 0.217 *** (- 28.04)
企业	Y	Y	Y	Y	Y
时间	Y	Y	Y	Y	Y
N	1906071	1749489	1997428	1997428	1997428
R^2	0.851	0.860			
F	948.6	1802.2			
Wald chi2 (6)			76034.54	201985.54	29814.27

注：第（1）—（2）列的（ ）内为T值；第（3）—（5）列的（ ）内为Z值；*** 、** 和* 分别表示在1% 、5%和10%的统计水平上显著；标准差在企业层面进行聚类；下表同。

二　稳健检验

（1）平行趋势检验。平行趋势检验主要是为明确在清洁生产标准实施前，处理组和对照组是否具有相同的趋势。如果政策实施前处理组和对照组的出口变化趋势不同，将无法证明平均处理效应是因政策而发生，这样的回归结果是有偏差的。一般地，平行趋势检验需要将政策实施时间的变量拆分为每一年的时间变量，具体见公式（9.8）。对该公式进行回归后的结果如表9.3的第（1）列和第（2）列所示。2003年之前，交叉项 $treat \times post$ 的系数在10%水平上无法拒绝0这一原假设。也就是说，在实施清洁生产标准之前，处理组和对照组未发现明显的趋势差异，科技标准型环境治理对企业出口产生的负向影响通过了平行趋势检验。

（2）随机分组检验。除了平行趋势检验外，我们还要检验样本分组的随机性。若样本分组不是随机的，即使政策实施前两组样本具有相同趋势，也无法证明政策实施后，两组样本出口变化的差异是因政策而发生。对应到研究对象，清洁生产标准选择的行业是污染行业，可能具有一定的倾向性，解决方法是，选择污染程度相近的样本作为对照组。处理组为原油加工及石油制品制造、炼焦、皮革鞣制加工三个四位数代码行业，我们选择其所在的两位数代码行业中的其他四位数代码行业为对照组，以降低非随机分组问题对回归结果的影响。结果如第（3）列所示，清洁生产标准对企业出口有着十分显著的负向影响。

（3）样本同质性检验。处理组和对照组样本必须具有同质性，才能确保处理组和对照组企业的出口趋势因清洁生产标准实施而发生。为降低处理组和对照组样本异质性对回归结果的影响，我们采用倾向得分匹配方法重新选择对照组，匹配方法为0.05距离内1∶4最近邻居匹配法。重新选择对照组后，结果见下表第（4）列，平均处理效应显著为负。

（4）政策随机检验。如果政策干预时间不是随机的，在人为变更政策干预时间后，平均处理效应也将显著。如果平均处理效应不显著，这说明政策干预具有随机性。具体结果见第（5）列，为确保这一检验的严谨性，我们将选择"干净"的处理组和对照组，将样本范围控制在

1998—2002 年。以防出现这样一种现象，政策实施引起处理组和对照组出口的显著差异，导致人为提前政策实施时间后，两组样本出口的差异依然显著，这样，政策干预时间的随机性将失去意义。将政策实施时间人为提前到 2000 年，且将样本的时间范围缩小至 1998—2002 年，从回归结果中发现，平均处理效应在 10% 的显著性水平上不再成立，说明人为提前清洁生产标准实施时间后，处理组和对照组的出口将不存在显著差异。

（5）对照组不受政策影响检验。这一检验的目的在于，保证政策仅仅影响处理组。假设对照组也受清洁生产标准的影响，那么，随机抽取企业作为处理组，将其他未被抽中的企业作为对照组后，平均处理效应将显著不等于 0。我们从对照组中随机抽取部分企业作为新的处理组，其他企业作为新的对照组。重新分组后从第（6）列的回归结果中发现，清洁生产标准对企业出口的影响不再显著。

（6）政策唯一性检验。为保证回归结果未受其他政策干扰，我们需要排除清洁生产标准实施期间其他环境政策对企业出口的影响。与清洁生产标准相同的是，为贯彻执行环境保护法律法规，水污染排放标准、大气固定源污染物排放标准相继颁布且不断修订，这些污染物排放标准涉及一部分行业。此外，2006 年和 2007 年增加了清洁生产标准的实施范围。我们进行稳健检验时要对这些政策涉及的行业进行控制，回归结果如第（7）列所示。控制其他相关政策的影响后，清洁生产标准对企业出口依然有显著的负向影响。

表9.3　　　　　　　　　　　　　稳健检验

解释变量	平行趋势检验		随机分组	样本同质性	政策随机	对照组不受政策影响	政策唯一性
	（1）	（2）	（3）	（4）	（5）	（6）	（7）
$treat \times post$	-0.126^{***} (-2.60)		-0.247^{***} (-3.36)	-0.344^{***} (-2.79)	0.0752 (0.72)	0.00206 (0.07)	-0.148^{***} (-3.23)
$treat \times year1$	-0.00986 (-0.06)	-0.0161 (-0.10)					

续表

解释变量	平行趋势检验		随机分组	样本同质性	政策随机	对照组不受政策影响	政策唯一性
	(1)	(2)	(3)	(4)	(5)	(6)	(7)
treat × *year*2	0.118 (0.76)	0.111 (0.72)					
treat × *year*3	0.110 (0.68)	0.101 (0.63)					
treat × *year*4	0.143 (0.93)	0.141 (0.92)					
treat × *year*5	0.148 (1.02)	0.150 (1.03)					
treat × *year*6		0.0952 (1.52)					
treat × *year*7		−0.128 ** (−2.02)					
treat × *year*8		−0.240 *** (−3.74)					
treat × *year*9		−0.511 *** (−7.68)					
控制变量	Y	Y	Y	Y	Y	Y	Y
污染物排放标准控制							Y
2006 年清洁生产标准控制							Y
2007 年清洁生产标准控制							Y
企业	Y	Y	Y	Y	Y	Y	Y
时间	Y	Y	Y	Y	Y	Y	Y
N	1749489	1749489	49530	52197	753832	1749489	1749489
R^2	0.860	0.860	0.862	0.969	0.895	0.860	0.860
F	1328.0	1150.3	47.98	10.21	375.5	1801.4	1486.0

三　影响机制分析

关于"遵循成本"效应,为达到清洁生产标准,企业主要选择三种方式:第一,使用更多劳动力进行末端治理以达到排放标准,这种方式表现为企业总工资支出的上升;第二,购买达到排污标准的生产设备,以减少生产过程中的排放，这种方式主要体现在固定资产支出上升；第三，增加治污设备运行次数以减少排放，这将加快设备的损耗，其折旧将上升。从表9.4中第（1）—第（5）列的回归结果中可见，清洁生产标准对企业总工资支出、固定资产合计、固定资产净值、折旧和本年折旧的影响均显著为正。说明清洁生产标准的实施提高了企业的工资支出、固定资产投资和折旧，无论企业增加治污的劳动力、购买新的治污设备还是增加治污设备运行次数，均证明"遵循成本"效应是发挥作用的。

　　关于"创新补偿"效应，环境治理会"倒逼"企业提高生产技术、降低管理成本抑或节省投入，无论什么方式，最终体现为生产率的提升。因而，我们通过验证科技标准型环境治理对企业生产率的影响来证明"创新补偿"效应的存在，结果如表9.5所示。从中可见，无论是全样本还是出口企业的样本，清洁生产标准规制的实施对企业生产率具有十分显著的正向作用，这说明"创新补偿"效应在促进企业出口过程中发挥了积极作用。

表9.4　　　　　　　　　　　　"遵循成本"效应的检验

	（1）	（2）	（3）	（4）	（5）
被解释变量	总工资	固定资产合计	固定资产净值	折旧	本年折旧
$treat \times post$	0.0327 *** （3.42）	0.0296 *** （4.09）	0.0138 * （1.66）	0.0651 *** （5.26）	0.108 *** （6.36）
控制变量	Y	Y	Y	Y	Y
企业	Y	Y	Y	Y	Y
时间	Y	Y	Y	Y	Y
N	1989303	1993109	1993981	1966180	1859767
R^2	0.926	0.975	0.967	0.943	0.883
F	73567.2	188026.3	147990.4	87651.4	27086.9

　　注：（）内为Z值；***、** 和 * 分别表示在1%、5%和10%的统计水平上显著；标准差在企业层面进行聚类，下表同。

表9.5　　　　　　　　　　　　"创新补偿"效应的检验

	（1）	（2）
样本范围	出口企业	全样本
被解释变量	全要素生产率	全要素生产率
$treat \times post$	0.203 *** (5.68)	0.200 *** (13.41)
控制变量	Y	Y
企业	Y	Y
时间	Y	Y
N	439237	1938384
R^2	0.773	0.759
F	2974.3	12216.5

　　总结上述回归结果可发现，环境治理显著降低了企业出口概率和出口额。环境治理虽然督促企业节能减排，但也可能通过提升企业生产成本的方式提高了出口企业的生产率门槛，进而对出口产生负向影响，这与本研究运用异质性企业贸易理论模型所得结论相符。进一步的机制验证发现，环境治理通过"遵循成本"效应明显提高了企业成本，通过"创新补偿"效应提高了企业生产率，而前者会降低企业出口概率和出口量，后者提高企业出口概率和出口量，验证了本章提出的假说。

　　本部分通过研究环境治理对企业出口的影响，试图明晰提升技术水平于企业维持比较优势的意义，进而明确企业积极参与环境治理的难点。将2003年实施的清洁生产标准作为环境治理的代表性政策，采用双重差分方法考察清洁生产标准实施对企业出口的影响。结果发现，清洁生产标准实施后，与未受规制企业相比，受规制企业出口额、出口概率均有所下降，这一结果通过了稳健性检验，说明科技标准型规制短期内无法促进企业出口。进一步对该结果的发生机制进行了验证，结果表明，环境治理主要通过"遵循成本"效应提高了企业成本，从而降低了出口概率和出口量，最终影响到了企业的比较优势。显然，从长远来看，通过严格的科技标准"倒逼"企业提高生产技术、提升生产率是利于企业提升比较优势的，但企业所担忧的是始终无法提高生产技术，从而退出市场。所以，如何在短期内减少环境治理对企业比较优势产生的负面影响，让企业有动力提高生产技术，进而激励其积极参与环境治理是一个需要解决的难题。

第十章　社会参与对环境治理的
影响及其难点

　　社会力量作为独立于政府、企业以外的第三种力量在环境治理中发挥着重要作用。在欧美发达国家，社会力量参与环境治理的模式已十分成熟，并成为决定环境事务的关键因素，其参与的途径也比较完善，如NGO组织、咨询委员会、听证会、座谈会、环境诉讼等（楼苏萍，2012）。2002年颁发的《环境影响评价法》规定，"国家鼓励有关单位、专家和公众以适当方式参与环境影响评价"，这项法律明确了公众参与环境治理的权利，2014年新修订的《环境保护法》则强化了这项权利，即"公民、法人和其他组织依法享有获取环境信息、参与和监督环境保护的权利。"直到党的十九大明确提出"构建政府为主导、企业为主体、社会组织和公众共同参与的环境治理体系"，多元参与的环境公共治理制度初步构建且日臻完善。尽管如此，当下环境治理的主体仍然是政府，呈现出"自上而下"的特点，即政府在环境治理中承担主要职责，从政策制定、出台到政策实施及后续的效果监督，几乎都是由政府部门实施。与之相较，社会力量在环境治理中发挥的作用相对有限。未来如何充分发挥社会力量的作用是一项重要课题，本章在对社会力量参与对环境治理的影响进行实证研究的基础上，力求找到社会力量积极参与环境治理的部分难点。

第一节　社会参与对环境治理的影响机制

　　关于生态环境保护的制度构建，奥斯特罗姆（2012）曾经总结过以

往学者针对保护生态环境提出的政策方案：以"利维坦"为方案，即
"由于存在着公地悲剧，环境问题无法通过合作解决……所以具有较大
强制性权力的政府的合理性，是得到普遍认可的"；以私有化为"唯一"
方案，即将公共物品私有化，避免不同个体在公共地上进行博弈，从而
避免"公共地悲剧"。然而，鲜有制度要么是私有的要么是公共的，因
此，奥斯特罗姆（2012）从理论上提出解决公地困境的方案，即局内人
通过事先谈判来确定公地使用方案，方案的执行和监督可选择外来执行
人担任。从经验上来看，奥斯特罗姆（2012）以阿兰亚的渔民捕鱼为
例，指出渔民们成立生产合作社来执行合约并监督渔民行为，有效解决
了公共地悲剧问题。从中不难看出，就生态环境这一公共品供给而言，
自主组织内部的委托人需要解决的问题有制度的供给、可信承诺以及相
互监督，这也是多中心治理理论的重要内容。

　　然而，上述具有自治特征的治理模式是以社会力量为主体的，适
合部分国家的环境治理体系，但显然无法适合现阶段中国的环境治理
体系。其原因在于制度层面，在联邦制国家，联邦政府赋予地方政府
政策制定和执行的权力（Sigman，2003）。Besley 和 Case（1995）就联
邦制国家政策制定主体及机制进行了详细解释：一方面，地方政府是
代理人，选民是委托人，居民比较周围辖区政策效果，判断本辖区政
府的能力，进而决定本地政府是否连任；另一方面，代理人即地方政
府以周围辖区政策作为基准（benchmark），制定本地区的政策（Shleif-
er，1985）。由此可见，在联邦制国家，对环境政策制定和执行具有决
定权的是选民，这就意味着由选民组成的社会力量可以成为环境治理
的主导，从而决定环境治理的模式。这些国家的居民可以采用"用手
投票"和"用脚投票"等方式直接决定政府的环境治理效果。具体而
言，可通过人口迁移、投票等方式直接参与环境治理。

　　中国的政治制度与上述国家不同，所以也不能直接采用上述理论来
解释中国的社会力量参与对环境治理的影响，故而也不能直接照搬上述
国家的参与模式来发挥中国社会力量参与的作用。原因是，由于户籍限
制，公众的"用脚投票"更是很难对地方政府形成约束（傅勇，2008），

而且公共服务的差异通常不是主要的流动因素（Faguet，2004）。在中国，部分环境治理标准虽然主要由中央政府制定，部分由地方政府制定，但执行情况主要取决于地方政府。中国各地方虽然也有环境部门，但在政府体制和环境治理权力网络中，环境保护行政主管部门实际上是处于弱势地位的（吴卫星，2013），环保机构缺乏一定独立性，环境治理往往沦为地方政府相机使用的政策工具（韩超等，2016）。由此可见，环境政策的具体实施效果主要取决于地方政府，公众参与作用的发挥也是在这基础上进行的。

其理论机制是，社会力量在中国式分权体制下对环境治理产生影响，而非独立发挥作用。在公众约束缺失的规制场域下，政府直接命令—控制型环境规制模式表现为单向运行机制（张为杰，2017）。即中央政府和上级政府将环境治理命令下达至地方政府，地方政府对企业进行监管，地方政府环境治理的激励和约束机制来自中央政府制定的考核评价指标和问责机制，这一机制有其优点，但其缺点是易引发"逐底竞争"（杨海生等，2008）。社会力量参与被认为是弥补"市场失灵"和"政府失灵"，构建环境治理体系的重要途径。社会力量的参与可推动地方政府更加关注环境治理问题，从而改善环境治理效果（郑思齐等，2013）。杨瑞龙等（2007）认为公众表达自己环境偏好可对政府的环境治理行为产生影响。李永友和沈坤荣（2008）则发现，公众对环境的抱怨对污染治理改善具有积极影响。由此可见，社会力量对环境治理的影响是比较间接的，通过影响地方政府决策来影响环境治理效果。其路径是，中央政府和上级政府因存在信息不对称问题，无法完全掌握地方政府环境政策实施效果，而社会力量通过信访、电话等方式向中央政府和上级政府反映地方环境治理状况，可以"倒逼"地方政府严格执行环境政策，从而改善环境质量（张艳纯和陈安琪，2018）。

归根究底，社会力量参与的作用是通过中国式分权加以发挥的，若中央政府下放给地方政府的事权（治理责任）较小，即环境治理相对集权，则意味着地方政府在环境治理方面的自由裁量权和实际控制权较小。在实施环境政策过程中，社会力量更有可能通过信访等方式将环境治理问题反映至上级政府和中央政府，这将督促地方政府严格执行环境政策，保护好生态环境。若环境治理的权责完全分散到地方政府之中，地方政府将有较大的自由裁量权和实际控制权，环境治理过程中出现的问题将由地方政府向中央政府反馈，而社会力量将很难参与到地方的环境治理之中。所以，社会力量参与对环境治理的影响与分权（治理责任）程度息息相关。

第二节　实证研究设计

社会力量参与对环境治理影响的研究方法选择有一定难度，有学者选择案例分析（毕霞等，2010），部分学者选择理论阐述（薛澜和董秀海，2010；贾鼎，2014），还有学者的选择一般均衡模型进行模拟（张同斌等，2017），也有不少学者采用数据进行因果关系分析。考虑到本部分的研究对象是社会力量参与对环境治理的影响，所以通过计量模型回归来凝练出这种因果关系。

$$Y_{it} = \beta 1\, fd1_{it} \times plx_{it} - 1 + \beta 2\, fd1_{it} + \beta 3\, plx_{it} - 1 + \beta X + \alpha i + \alpha t + \varepsilon it$$

$$(10.1)$$

模型（10.1）是面板数据模型，将用于固定效应模型的回归。其中，αi 为省份虚拟变量，αt 为时间虚拟变量，εit 是残差项。Y_{it} 为省份 i 在第 t 年的环境治理情况，我们采取多个指标加以衡量。第一类指标是污染物排放类，采用单位 GDP 的二氧化硫排放（pso_2）、单位 GDP 的烟尘排放（$psmoke$）和单位 GDP 的粉尘排放（$pdust$）表示。第二类指标是污染治理支出类，运用单位 GDP 的污染治理支付成本（pcl）表示。第三类指标是污染物去除情况，即 SO_2 去除率（rso_2）、烟尘去除率（$rsmoke$）和粉尘去除率（$rdust$）。

关于社会力量参与变量，有学者认为可以用每万人环境信访量（plx）、每万人来访批次（plf）作为代表性变量；也有学者认为抚养比、就业水平、教育水平也可以表示社会力量参与，但是这些变量反映的效果是间接的，而环境信访量和来访批次能够更加直接代表社会力量参与，因此采用环境信访量和来访批次代表社会力量参与变量。因社会力量参与的影响可能存在滞后性，因而回归方程将之滞后一期进行回归。

分权的指标存在一定争议，分为收入预算和支出预算两个方面。财政收入在中央和地方政府之间分配比较复杂，不同级政府真正拥有的财政资源显得较为模糊（乔宝云等，2005），因此我们选用支出预算作为分权的衡量标准。傅勇（2010）曾运用各省预算内人均本级财政支出/中央预算人均本级财政支出代表财政分权，借鉴该方法，本章采用各省预算内人均本级财政支出/中央预算人均本级财政支出（$fd1$）代表分权，即代表治理责任下放给地方政府的大小。

计量回归还要加入控制变量（X），以更准确的验证主要解释变量的影响：（1）收入水平变量（$pgdp$）。收入水平高的地区会对环境质量要求较高，因而对环境治理效果产生影响。（2）产业结构（$decy$）。第二产业比重较高代表该地区可能面临污染排放量较大，环境规制水平也应该较高。（3）城市化水平（czh）。我国经济政策倾向于城市地区，政策制定者会更多考虑城市居民的利益需求采取环保措施。借鉴这种观点，用非农业人口占地区年度总人口的比重衡量城市化水平。（4）人口密度（$rkmd$）。人口密集的地区污染物排放量也会较大，环境质量也会较差。（5）能源消耗（ny）。污染物排放的直接原因是能源消耗，单位 GDP 能源消耗直接影响到污染物排放及环境治理效果。（6）外商投资（$fdgd$）。为吸引外资，地区存在争相降低环境规制水平吸引外资的现象，这也会对环境治理产生影响，本部分用外商直接投资实际利用外资金额/地区 GDP 代表外部因素。

本章样本包括 1997—2011 年中国 30 个省份的数据[①]。1997 年之前，重庆市是四川省的一部分，为统一样本范围，本文选取 1997 年以后的数据。

---

① 关于环境信访数据，受统计口径、作者能力及获取数据途径所限，2012 年之后，获取来信总数的单位为件，而之前只能获取 1997—2011 年各省份每年来信总数单位为封，两者在口径上差别很大，无法合并，因此选取 1997—2011 年数据。另外，无论采取封还是件作为环境信访的单位，两者都能够反映公众对环境的关注程度，实证结果对以后关于公众参与的研究同样具有理论和现实意义。鉴于数据可得性与完整性，本章数据不包括西藏自治区、中国香港、澳门和台湾地区。

第三节　社会参与对环境治理影响的实证研究

表10.1是关于环境信访回归结果，模型（1）—模型（3）是对污染物排放量的回归，模型（4）是对污染治理支付成本的回归，模型（5）—模型（7）是对污染物去除率的回归。从中发现，无论是SO_2排放量、烟尘排放量还是粉尘排放量，社会力量参与均无法对其产生直接的显著影响。污染治理支付成本、SO_2去除率、烟尘去除率、粉尘去除率的回归结果也是如此。我们还进一步检验了社会力量参与是否通过分权（治理责任分配）影响到环境治理。通过观察表10.1中交叉项系数发现，仅仅在个别方程中，社会力量参与通过分权对环境治理产生显著的负向影响，在绝大多数方程中，这一回归结果不显著。

表10.2将环境信访更换为来访批次来代表社会力量参与后，社会力量参与对环境治理的影响在部分方程中显著，但其研究结果与理论及直觉不相符，其对环境治理产生不利影响。同样，交叉项的系数仅在部分方程中显著，意味着社会力量参与通过分权对环境治理产生一定影响，但这种影响是不稳定的。

表10.1　　　　　　社会力量参与的回归结果：关于环境信访

	(1)	(2)	(3)	(4)	(5)	(6)	(7)
	pso2	psmoke	pdust	pcl	rso_2	rsmoke	rdust
$fd1$	- 4. 174 *** (- 3. 167)	- 1. 607 ** (- 2. 029)	- 0. 444 (- 0. 568)	- 1. 723 * (- 1. 820)	- 0. 00121 (- 0. 409)	0. 00463 *** (6. 396)	- 0. 00193 (- 0. 945)
plx_{t-1}	0. 788 (0. 678)	- 0. 685 (- 0. 981)	0. 821 (1. 191)	1. 251 (1. 498)	- 0. 000102 (- 0. 039)	0. 000130 (0. 204)	- 0. 00121 (- 0. 672)
$plx_{t-1} \times fd1$	- 0. 0993 (- 1. 281)	0. 0161 (0. 346)	- 0. 0842 * (- 1. 834)	- 0. 0679 (- 1. 220)	- 0. 0000347 (- 0. 199)	- 0. 0000401 (- 0. 941)	0. 0000971 (0. 808)
$pgdp$	- 1. 693 (- 0. 308)	5. 620 * (1. 702)	0. 983 (0. 302)	- 8. 365 ** (- 2. 118)	0. 0507 *** (4. 095)	- 0. 0187 *** (- 6. 194)	- 0. 00758 (- 0. 890)
$decy$	4. 889 *** (6. 950)	0. 729 * (1. 726)	0. 867 ** (2. 081)	- 0. 132 (- 0. 262)	- 0. 00654 *** (- 4. 126)	0. 00121 *** (3. 125)	0. 00381 *** (3. 494)

续表

	（1）	（2）	（3）	（4）	（5）	（6）	（7）
	$pso2$	$psmoke$	$pdust$	pcl	rso_2	$rsmoke$	$rdust$
czh	0.0648	− 0.603	− 1.496 ***	0.804 *	0.00642 ***	− 0.00117 ***	0.00382 ***
	(0.104)	(− 1.610)	(− 4.051)	(1.796)	(4.576)	(− 3.423)	(3.954)
$rkmd$	− 40.13	− 29.98	− 15.77	22.75	0.0641	0.0253	0.0317
	(− 0.675)	(− 0.839)	(− 0.447)	(0.532)	(0.478)	(0.775)	(0.344)
ny	1.466	17.62 ***	4.939	− 13.00 **	− 0.0329 *	− 0.0140 ***	− 0.0184
	(0.194)	(3.890)	(1.105)	(− 2.400)	(− 1.939)	(− 3.390)	(− 1.572)
$fdgd$	2.284	− 0.213	0.537	1.090	− 0.00793 **	− 0.000357	0.00537 **
	(1.374)	(− 0.213)	(0.545)	(0.912)	(− 2.117)	(− 0.391)	(2.084)
常数项	170.7	226.9	201.2	− 49.58	− 0.0528	0.760 ***	0.274
	(0.518)	(1.147)	(1.031)	(− 0.210)	(− 0.071)	(4.203)	(0.537)
N	420	420	420	420	420	420	420
R^2	0.459	0.322	0.485	0.405	0.807	0.745	0.647
F	14.18	7.959	15.74	11.37	69.98	48.94	30.70

注：回归系数（ ）内的数为 T 值，*、**、*** 分别表示在 10%、5%、1% 水平上显著。

表 10.2　　　　**社会力量参与的回归结果：关于环境来访**

	（1）	（2）	（3）	（4）	（5）	（6）	（7）
	$pso2$	$psmoke$	$pdust$	pcl	rso_2	$rsmoke$	$rdust$
$fd1$	− 5.283 ***	− 1.384 *	− 0.878	− 2.378 ***	− 0.000146	0.00410 ***	− 0.00129
	(− 4.439)	(− 1.950)	(− 1.275)	(− 2.784)	(− 0.055)	(6.292)	(− 0.710)
plf_{t-1}	− 4.193	13.56 **	23.64 ***	− 8.233	0.0256	− 0.00979 **	− 0.0399 ***
	(− 0.462)	(2.504)	(4.502)	(− 1.264)	(1.271)	(− 1.971)	(− 2.889)
$plf_{t-1} \times fd1$	1.034	− 1.344 **	− 2.172 ***	1.091	− 0.00627 **	0.00100	0.00250
	(0.912)	(− 1.988)	(− 3.312)	(1.341)	(− 2.489)	(1.617)	(1.450)
控制变量	控制	控制	控制	控制	控制	控制	控制
常数项	276.4	202.9	258.5	17.76	0.0101	0.819 ***	0.246
	(0.861)	(1.061)	(1.393)	(0.077)	(0.014)	(4.668)	(0.504)
N	420	420	420	420	420	420	420
R^2	0.457	0.330	0.508	0.404	0.812	0.746	0.658
F	14.08	8.245	17.25	11.34	72.06	49.19	32.21

注：回归系数（ ）内的数为 T 值，*、**、*** 分别表示在 10%、5%、1% 水平上显著。

本章分析了社会力量参与对环境治理的直接影响和间接影响，有两点发现：第一，社会力量参与对环境治理的直接影响不显著。原因可能是，社会力量可以通过信访等方式向各级政府反映其对环境质量的要求，但对于地方政府而言，其晋升主要是由中央政府和上级政府决定，可能会忽视公众对环境的诉求，这会导致公众参与无法对一个地区环境治理产生直接影响。第二，社会力量参与通过分权程度对环境治理产生一定间接影响，但是这种影响十分不稳定。综合来看，社会力量参与对环境治理尚未产生较大影响。

实际上，上述实证结果的出现与社会力量参与环境治理的难度较大有关：第一个难点是社会力量参与环境治理的激励机制是缺乏的。政府部门的责任分配机制和激励机制可推广至企业，但无法直接推广至社会力量参与，采用何种方式持续激励社会力量参与环境治理成为一个难点。第二个难点是社会力量参与的制度不够完善。公众对环境治理的意见和建议反馈至政府部门后，将这些意见和建议按照什么样的程序处理？是否要将公众的意见和建议纳入考核评价标准？这些问题都是社会力量参与制度构建所要解决的问题。若能解决这两个难点，社会力量参与环境治理的积极性将有所提高，参与能力也将增强，最终对构建和完善"政府为主导、企业为主体、社会组织和公众共同参与的环境治理体系"起到推动作用。

第 四 篇

构建多元参与的环境治理
体系的若干建议

第十一章　基本结论

　　本书在绿色发展理念的背景下，探讨了构建多元参与的环境治理体系要解决的核心问题、突破点与路径，试图对环保制度的构建有一定政策启示。第一，本书从绿色发展理念与环境治理体系的关系切入，从全国和区域两个视角对绿色发展的现状进行了量化描述，结果发现因"溢出效应"和"竞争效应"的存在，区域间绿色发展有着很强的关联性，这就需要我们进一步阐释这种关联性存在的原因，即现行环境治理体系存在的问题；在以政府为主导的"自上而下"构建起的环境治理体系中，"块状治理"模式带来的"逐底竞争"和"污染避难所"问题尤为突出，这也是区域间绿色发展易出现强关联性的原因。同时，也是多元参与的环境治理体系要解决的问题。第二，第一篇，采用空间计量、自然实验法等方法量化分析了"块状治理"模式带来的问题，证明了"污染避难所"和"逐底竞争"都是存在的。第三，在第一篇的基础上，第二篇的两章总结了多年来政府治理环境的经验，通过量化方式找到了多元参与的两个突破点，即合理的治理责任分配制度和考核评价指标体系。第四，以第二篇为基础，第三篇分析了多元参与的路径，即将政府治理的经验推广至企业后，有利于调动企业参与环境治理的积极性。两条可行路径分别是在合理的治理责任分配基础上充分利用市场工具的作用，以及合理的考核评价指标体系。此后，我们分析了多元参与面临的难点，一是企业比较优势会受到环境治理的影响；二是缺乏外在激励来充分发挥社会力量参与环境治理的作用。第五，根据前十章的研究结论对构建多元参与的环境治理体系提出若干针对性建议。本书的主要结论包括多元参与要解决的核心问题、突破点、路径和难点共三部分。

第一节　多元参与要解决的核心问题

第二章至第四章采用实证方法证实了"块状治理"模式带来的"逐底竞争"和"污染避难所"问题，这也是多元参与要解决的核心问题。

（1）绿色发展具有很强的空间关联性，这种关联性与"块状治理"模式带来的"溢出效应"和"竞争效应"有关，后者尤甚。第二章采用空间自回归模型的广义矩估计计算了全国层面以及七大区域城市间绿色发展的关系，结果显示，因"竞争效应"的存在，全国层面以及华东、华中和华南在绿色发展方面呈现正相关状态，该结果与城市间出现的"逐顶竞争"或"逐底竞争"有关。与之相反的是，"竞争效应"导致华北、西南和西北地区的绿色发展呈现负相关状态，这种现象可能与"虹吸效应"有关。因"溢出效应"的存在，无论是全国范围还是七大区域，城市间的绿色发展均呈现正相关。究其原因，污染治理的"搭便车"行为，使得相邻区域间越发忽视环境治理，进而出现"逐底竞争"现象。总结一句话就是，在环境治理的"块状治理"模式下，区域间环境治理因"竞争效应"和"溢出效应"而出现"逐底竞争"现象。

（2）"块状治理"模式下的地方政府只需要对辖区内的环境问题负责，为了同时保证经济发展水平和环境质量，部分地区可能将污染企业转移到其他地区，污染企业转入地会成为"污染避难所"。第三章和第四章分别采用自然实验法和泊松回归对这一问题进行了验证，结果发现：严格的环境政策使资本与企业配置到政策实施相对宽松的地区，"污染避难所"问题是存在的。其影响机制是，严格的环境政策提升了环境治理水平，由此导致的"遵循成本"效应和"要素转换"减少了资本流入和新企业进入，使这两项资源配置到环境政策实施相对宽松的地区。

第一篇通过实证方法证明，"块状治理"模式带来的"污染避难所""逐底竞争"等问题是构建环境治理体系要解决的核心问题，解决这一问题需要明晰政府、企业和其他社会力量等各类主体共同参与，从而约束地方为了自身发展而形成的"逐底竞争"及"污染避难所"问题。此时，即使治理模式依然是块状，但因各主体发挥了对污染物排放的监督作用，"块状助力"模式引致的问题会有所缓解，全国范围内环境治理效果也可整体推进。

第二节　多元参与的突破点

现实经验证明，中国在环境治理体系构建过程中，政府一直处于主导地位，这将继续延续到多元参与的环境治理体系之中。一系列环境治理成就的取得离不开地方政府的积极性，这方面的成功经验是很值得总结的，这些经验也会成为多元参与的突破点，若将之推广至企业，可能也会调动企业环境治理的积极性。笔者将这些经验归纳为两点，即合理的治理责任分配，并配之以合理的考核评价指标。第二篇着重研究了这两点如何激励地方政府积极参与环境治理，是否破解了"块状治理"模式造成的"污染避难所"问题和"逐底竞争"问题。运用门槛回归模型和空间杜宾模型对这一主题进行量化研究得到两点结论。

（1）关于治理责任分配。随着治理责任的增加，地方政府竞争对环境治理的影响呈现先正后负的倒"U"形，即过多或过少的治理责任均不利于环境治理。这一结论并不意味着治理责任分配本身不利于环境治理，而是因为在其影响下，地方政府间的"逐底竞争"可能不利于环境治理。第五章的研究结果证明权责匹配的分权体制才能使地方政府竞争对环境治理产生正向影响，过多的治理责任和过少的财政收入是不利于环境治理的。测算所得的阈值包含两方面，财政支出分权的阈值是0.5709，赤字规模占 GDP 比例的阈值为 16.25%。如果超过了这两个值，地方政府竞争会不利于环境治理。

（2）关于考核评价指标体系。这为地方政府竞争提供了目标，进而影响到环境治理效果。综合来看，对经济增速的要求越高，地方政府竞争越不利于环境治理水平提升，对环境治理要求越高，地方政府竞争越利于环境治理水平提升。不仅如此，强调环境考核评价指标并结合较多的治理责任，地方政府间会出现"逐顶竞争"的良性策略互动，最终利于环境治理。相反，强调经济考核评价指标并结合较多的治理责任，则增强了"逐底竞争"的策略互动，结果是不利于环境治理。本书通过量化分析发现，当对经济增长速度要求小于10.3%，对污染物减排率的要求大于3.83%时，地方政府间的竞争是利于环境治理水平提升的。

总之，本篇的研究结果表明，合理的治理责任分配和考核评价指标体系能够促使地方政府间展开"良性竞争"，进而改善"块状治理"模式带来的"逐底竞争"和"污染避难所"问题。

第三节　多元参与的路径和难点

本章第一部分和第二部分分别总结了多元参与要解决的核心问题和突破点，结果证明政府部门合理的治理责任分配和考核评价指标体系能够缓解"块状治理"模式带来的部分环境问题。但是，如何调动企业和社会力量的参与是需要进一步讨论的。如果借鉴政府部门的治理模式，将治理责任分配至企业，在此基础上加强对企业环境治理的考核，能够激励企业积极参与环境治理？其难点在哪里？社会力量参与的影响及难点是什么？带着这三个问题，本部分对第三篇的研究结论加以总结。

（1）第七章研究了在环境治理责任分配基础上，排污权交易制度为代表的市场激励型环境政策能否激励企业减排并增加经济效益，通过理论分析和实证检验发现，严格的治理责任分配制度是市场激励型环境政策实现经济效益和环境效应的前提条件。这一结论说明，在治理责任分配到企业基础上，市场激励型环境政策可以激励企业积极参与环境治理。因此，应在合理分配治理责任基础上，充分发挥市场的优势来激励企业主动治理污染，这也是推进多元参与的环境治理体系形成的一条路径。

（2）第八章分析了考核评价指标对企业决策的影响机制，试图明晰考核评价指标设计能否激励企业积极治污。结果发现，加强对环境绩效的要求会减少企业选址，提高对经济发展水平要求可通过环境治理对企业选址产生正向影响。这一结论意味着，经济绩效指标在考核评价指标体系中依然占据主导地位，其对企业决策的影响较大且较为显著，提升环境绩效指标在考核评价指标体系中的地位会通过提升环境规制水平影响企业选址。以此为依据，如果对企业同样展开考核，企业将更有积极性减少污染和提高生产率。平衡好经济绩效指标和环境绩效指标之间的关系能够激励企业参与治污和提升效率，从而成为鼓励多元参与的另一条重要路径。

（3）第九章从实证角度分析了企业积极参与环境治理的难点。结果发现，企业积极参与环境治理的难点在于其比较优势会受到冲击。理论上讲，严格的环境标准可"倒逼"企业提高生产技术、提升生产率进而利于企业维持其比较优势。然而，现实是企业短期内很难提高生产技术，从而会退出市场。所以，如何在短期内减少环境治理对企业比较优势产生的负面影响，让企业有动力提高生产技术，进而激励其积极参与环境治理是一个需要解决的难题。

（4）第十章分析了社会力量参与对环境治理的影响及其难点，有两点发现：第一，社会力量参与对环境治理的直接影响和间接影响均不显著。原因可能是，对于地方政府而言，其考核评价主要是由中央政府和上级政府决定，公众的环境诉求可能会被忽视，这会导致社会力量参与无法对一个地区环境治理产生直接影响。第二，社会力量参与通过分权程度对环境治理产生一定间接影响，但是这种影响十分不稳定。这一实证结果的出现与社会力量参与环境治理的难度较大有关：第一个难点是社会力量参与环境治理的激励机制是缺乏的。政府部门的责任分配机制和激励机制可推广至企业，但难以直接推广至社会力量，采用何种方式持续激励社会力量参与环境治理成为一个难点。第二个难点是社会力量参与的制度不够完善。公众对环境治理的意见和建议反馈至政府部门后，是否要将公众的意见和建议纳入考核评价标准？这些问题都是社会力量参与制度构建所要解决的问题。

第十二章　若干建议

在绿色发展理念背景下，本书探析了多元参与的环境治理体系要解决的核心问题、突破点、路径及难点后，可以发现治理责任分配和激励机制设计的重要性。2019 年 11 月 26 日，中央全面深化改革委员会第十一次会议审议通过了《关于构建现代环境治理体系的指导意见》，指出要落实各类主体责任，提高市场主体和公众参与的积极性，形成导向清晰、决策科学、执行有力、激励有效、多元参与、良性互动的环境治理体系，为推动生态环境根本好转、建设美丽中国提供有力的制度保障。这为未来环境治理体系的构建指明了方向，即构建政府自上而下和公众自下而上合力运行的环境治理体系。多元参与的环境治理体系构建需要克服的问题有两个：第一，完善权责分配体制。近年来，对环境污染问题加大了惩罚力度，从一定程度上巩固了环保督查的效果，但是整个社会对督察的依赖程度越高，环境问题越难根治，这对构建环境治理体系反而是不利的。这一问题可通过建立主体间责任共担机制加以解决。第二，完善环境治理的激励机制设计，力求将环境保护从外在压力转变为内在动力。无论是政府、企业还是公众，如何通过激励机制的设定使之将环境保护同经济增长一样纳入短期和长期发展计划是环境治理体系构建要解决的问题。

第一节　解决办法之一：激励机制设计

整体来看，"块状治理"带来的"逐底竞争"和"污染避难所"问题意味着，我们需要通过合理的责任分配和激励机制设计来吸引多元共治，由此建立起"政府为主导、企业为主体、社会组织和公众共同参与的环境治理体系"，最终在全国范围内整体提升环境治理水平和治理能力。详细建议如下。

第一，要完善环境治理制度的顶层设计。在绿色发展理念指导下，多元参与的环境治理体系构建需要首先明确治理责任分配，责任分配在主体间是"共同而有区别"的。府际间的治理责任分配主要体现在分权体制上，构建财权与事权合理匹配的财税体系对环境治理而言也是有益的。如果给予过多的事权和过少的财权，地方政府之间依然会就经济增长展开环境治理的"逐底竞争"，即使个别地区提升环境门槛，结果也会因污染转移而无法整体提升环境质量。环境治理责任也要分配给企业，在此基础上制定排污权交易等市场制度，这时企业会为了节省排污权而作出努力减排的决策，这样会激励企业积极治污，从而发挥其在环境治理体系中的主体作用。

第二，要构建各方积极参与的激励机制。关于政府部门的激励机制，在合理的分权结构基础上，要促进考核评价指标多元化。即使存在合理的分权体系，若考核评价指标体系中大分量是经济增长速度、环境治理分量太低，地方政府之间依然会就经济增长速度展开竞争，结果还是环境治理的"逐底竞争"。此外，还要注意多个考核评价指标的权衡问题，不同地区所处的发展阶段不同，侧重的发展目标也有差异。若多个发展目标在全国范围内采取"一刀切"的评价标准，结果是基层部门周旋于多个目标之间，不仅治理效率低下，也会给诸多地区造成经济和民生方面的压力。因此，制定考核评价指标时要考虑到各个地区面临的不同问题，在地方完成详细指标时，给予一定的灵活度。关于企业角度的激励机制，除了市场激励政策可以给予企业减排动力外，也可适当将政府部门的考核评价指标推广至企业，加强对企业环保的考核。

第二节　解决办法之二：激励企业提升技术水平

企业主动进行环境治理的一个最大难点是环境治理影响到企业的比

较优势。但是，面对严格的环境政策，如果企业能够提升其技术水平，而非被动增加减排成本或降低产量，企业参与环境治理的积极性将大大提升，这也是"波特假说"的要义和内涵所在。相关建议如下。

一是要降低清洁生产技术的研发和使用成本。清洁生产技术的研发和使用都需付出一定的成本，这就需要国家既要顾忌研发的风险和收益，又要考虑企业短期内调整生产技术所带来的经济损失。因而，国家可给予研发和使用清洁生产技术的企业一定补贴，同时，加强科研机构和企业间的技术交流，降低清洁生产技术研发和使用的成本。另外，给予企业一定的时间来"引进—消化—再吸收"国外先进的清洁生产技术，而非仅仅停留在使用的阶段。

二是企业竞争力可能因环境治理受到不利影响，这需要从源头上加以解决。一方面，环境绩效指标与经济绩效指标要有效结合，两者结合可能影响到企业选址，但最终可能会"倒逼"企业提升技术水平，从而提升竞争力。另一方面，要继续严格执行科技标准型环境治理，以刺激企业通过提高技术水平来应对日渐严格的"绿色壁垒"，这时"创新补偿"效应将发挥主要作用。同时，企业要抓住提升科技标准型环境治理的机会，通过提高技术水平来提升出口产品质量，只有这样才能真正提升国际竞争力。

第三节　解决办法之三：激励社会力量积极参与

激励社会力量积极参与环境治理的方式与激励地方政府和企业积极参与环境治理的方式有着本质区别。地方政府和企业可以采用责任分配和考核评价的方式加以激励，而社会力量的参与主要靠自觉、自愿，行政命令及市场手段都很难激励社会力量参与其中。我们不妨换一种思路，如何将社会力量作为治理主体之一纳入到环境治理过程之中，而不仅仅是政府、企业之外的第三种力量。当其具有治理主体地位之后，会有责任和义务参与到环境治理之中。

第一，采用财政手段激励社会力量参与环境治理。社会力量参与环境治理的意识不够强烈的一个重要原因是大气等污染物主要产生在生产环节，消费者未直接排放大量污染物，因而也很难有"谁污染，谁治理"的意识。然而，生活垃圾的排放是居民直接产生的，因而其有直接的责任进行垃圾处理。既然如此，可以通过直接征收垃圾处理费等方式，多排多收、少排少收，将这些资金纳入财政体系，将之付给企业激励其进行垃圾处理，而居民为了节省垃圾处理费，也会直接减少垃圾产生量。

第二，充分发挥社会力量在政府和企业考核评价过程中的监督作用。就目前而言，政府部门和企业的治理责任分配机制和考核评价机制不适用于激励社会力量参与。那么，我们就要调动社会力量发挥其对政府和企业考核评价过程中的监督作用。要完善社会力量参与的法律、法规、规章制度，为社会力量参与的途径提供制度保障。在不与国家利益冲突的前提下，政府部门和有关企业应该做到积极主动听取公众的意见和建议，鼓励社会力量对环保决策执行的过程进行监督，上级政府进行考核评价时将公众的监督结果考虑在内。

第四节　可借鉴的方案之一：充分发挥市场和社会参与的作用

环境治理的难度之一在于激励不足导致的企业和社会力量参与积极性缺乏，难度之二在于责任不清导致的资金来源问题。考虑至此，C 县采取了两个举措：一是，以市财政统筹出资，村民负担部分资金，后将资金及环卫任务"发包"给市场（企业），解决了经济激励不足和资金来源问题；二是，通过竞标等方式遴选出 M 环卫公司，对污染物进行"统一收集、统一清运、集中处理、资源化利用"，也解决了这两个问题。两点举措的详细内容如下。

一　出资问题

因农村居民居住更为分散，污染物收集和处理的难度在农村尤甚，随之而来的是费用问题。这方面问题又细化为两点，由谁出资？出资给谁？第一个问题，若全部由"政府买单"，近700个行政村、20多万村民产生的垃圾收集、处理费用将是很大一笔支出，这笔支出能否长期维系是个难题；若全部由村民负担，是否愿意长期缴纳对大部分村而言将是个难题。考虑到这方面的财政压力，C县政府建立了政府主导、村民参与、社会支持的投入机制。以垃圾收集和处理为例，将农村垃圾收集、清运、资源化利用费用纳入市财政统筹，市级承担40%，镇级承担20%，村级通过村集体出资、"一事一议"筹资筹劳承担40%（每位村民每年承担约50元）。这种投入模式避免了"政府买单"带来的财政压力，村民拿得起、付得值，从根本上解决了出资难的问题。

二　垃圾处理模式

传统的垃圾收运处理模式是"户集、村收、镇运、市处理"，存在着管理链条长、管理主体多、各自为战、成本高昂等弊端。C县政府将全市691个村（社区）的道路保洁、垃圾收运全部委托给M环卫公司，由"户、村、镇、市"四个管理主体变为一个管理主体，实行由环卫局监管、M环卫公司运营的"一杆到底"管理模式，由M公司负责对全市城乡生活垃圾进行统一收集、统一清运、集中处理。具体来说，M公司在全市10个镇街区各设一处环卫项目部，配备专业的队伍和专业的设备，具体负责所辖镇街区驻地及托管村的环卫保洁和垃圾清运的工作：即按每10个村设1名管理员，每100户设1名保洁员的标准，配备相应数量的保洁员，负责本村的环卫工作；按每10户村民设置1个垃圾桶的标准，全市镇街区驻地、农村共设置了垃圾桶20000多个，按15个村配备一辆侧装式垃圾清运车的标准，全市城乡配备50余辆；投资1200万元，建成10处垃圾中转站，达到"一镇一站"的目标；对农村的生活垃圾统一清运、压缩、中转，实现了生活垃圾"收集运输全封闭，日产日清不落地"的目标，确保村民享受到与城市居民一样的环境保洁优质服务。

上述两点描绘了C县在分配好垃圾处理责任和成本的基础上，将资金交予M环卫公司，激励其做好垃圾处理工作，并发挥公众监督的作用，保证垃圾处理能够满足居民需求。实际上这为环境治理提供了一个很好的模式：在合理分配环境治理责任的基础上，充分发挥市场工具和社会力量的作用。这时，政府的主体作用、企业的主导作用和社会力量的监督作用均得以发挥，利于形成多元共治的模式。

第五节　可借鉴的方案之二：合理的考核评价指标体系设计

在经过"刘易斯拐点"并且"人口红利"面临消失的情况下，中国的必然出路是把经济增长转到依靠全要素生产率、特别是与技术进步有关的生产率基础上（蔡昉，2013）。如何通过激励机制设计引导地方政府和企业将发展目标调整到环境效率上来，对中国经济发展方式转变至关重要。面对中央政府制定的经济、环境等多个发展目标，地方政府会存在取舍，当难以完成所有目标时，地方政府更倾向于完成经济目标等"硬约束"指标，环境类的指标有可能被忽视。可将资源投入、经济产出、污染物排放等纳入统一框架，核算出环境效率，加强对效率的考核会引导地方政府采取少投入、多产出的举措，从而提升环境效率。效率指标的核算有多种，例如 Luenberger 指数。其思想源于 Debreu（1951）以帕累托最优状态为标准对经济系统中的损失进行的测度，以此可对资源利用效率和经济效益有所估算。

核算环境效率所用的方法为数据包络分析法（Data Envelopment Analysis，DEA）。该方法的原理主要是通过保持决策单元（DUM）的输入或输出不变，借助于数学规划和统计数据确定相对有效的生产前沿面，将各个决策单元投影到 DEA 的生产前沿面上，并通过比较决策单元偏离 DEA 前沿面的程度来评价它们的相对有效性。对于每一个决策单元，将多投入和多产出通过最优权重的计算纳入统一指标，这一指标就是效率评价指数，这个指数的值离 1 越近，代表效率越高。测算模型的选择是基于松弛的方向性距离函数，其内容包括生产可能性集（投入、产出的组合）和方向性距离函数。关于生产可能性集，传统的生产函数中只考虑经济因素，而现实生产过程中不可忽视的问题是，伴随经济产出的还有污染物排放等"坏的"产出，前者称为"合意产出"，后者称为"非合意产出"。环境效率的测度指数为 Luenberger 指数。加强对环境效率考核可激励地方政府和企业节约资源，增强对产出的要求，进而提升环境效率，达到经济发展和环境保护的双重目标。

参考文献

《马克思恩格斯全集》，人民出版社 2009 年版。

习近平：《关于〈中共中央关于制定国民经济和社会发展第十三个五年规划的建议〉的说明》，中央文献出版社 2016 年版。

习近平：《在十八届中央政治局第六次集体学习时的讲话》，《习近平关于社会主义生态文明建设论述摘编》，中央文献出版社 2013 年版。

习近平：《在省部级主要领导干部学习贯彻党的十八届五中全会精神专题研讨班上的讲话》，《人民日报》2016 年 5 月 10 日。

习近平：《中国共产党第十八届中央委员会第五次全体会议公报》，《人民日报》2015 年 10 月 30 日。

罗震东：《中国都市区发展：从分权化到多中心治理》，中国建筑工业出版社 2009 年版。

周黎安：《转型中的地方政府：官员激励与治理》，格致出版社 2008 年版。

［德］约翰·冯·杜能：《孤立国同农业和国民经济的关系》，吴衡康译，商务印书馆 1986 年版。

［德］韦伯：《工业区位论》，陈志人等译，商务印书馆 1997 年版。

［法］安德烈·高兹：《资本主义，社会主义，生态——迷失与方向》，彭姝祎译，商务印书馆 2018 年版。

［美］奥斯特罗姆著：《公共事物的治理之道：集体行动制度的演进》，余逊达译，上海译文出版社 2012 年版。

［美］杰弗里·希尔：《生态价值链：在自然与市场中建构》，胡颖廉译，

中信出版集团 2016 年版。

［美］克莱夫·庞廷：《绿色世界史》，王毅译，中国政法大学出版社
　　2015 年版。

［美］约·贝·福斯特：《生态革命》，刘仁胜、李晶、董慧译，人民出
　　版社 2015 年版。

［英］大卫·李嘉图：《政治经济学及赋税原理》，郭大力、王亚南译，
　　商务印书馆 1962 年版。

［英］凯恩斯：《就业利息和货币通论》，符毓枌译，商务印书馆 1988
　　年版。

［英］约翰·穆勒：《政治经济学原理》，金镝、金熠译，华夏出版社
　　2017 年版。

毕霞、杨慧明、于丹丹：《水环境治理中的公众参与研究——以江苏省为
　　例》，《河海大学学报》（哲学社会科学版）2010 年第 4 期。

卜国琴：《排污权交易市场机制设计的实验研究》，《中国工业经济》
　　2010 年第 3 期。

蔡昉：《中国经济增长如何转向全要素生产率驱动型》，《中国社会科学》
　　2013 年第 1 期。

陈德湖：《排污权交易理论及其研究综述》，《外国经济与管理》2004 年
　　第 5 期。

陈家建、边慧敏、邓湘树：《科层结构与政策执行》，《社会学研究》
　　2013 年第 6 期。

陈林、伍海军：《国内双重差分法的研究现状与潜在问题》，《数量经济
　　技术经济研究》2015 年第 7 期。

陈诗一、陈登科：《雾霾污染、政府治理与经济高质量发展》，《经济研
　　究》2018 年第 2 期。

陈硕、高琳：《央地关系：财政分权度量及作用机制再评估》，《管理世
　　界》2012 年第 6 期。

陈媛媛：《行业环境管制对就业影响的经验研究：基于 25 个工业行业的
　　实证分析》，《当代经济科学》2011 年第 3 期。

董敏杰、梁泳梅、李钢：《环境治理对中国出口竞争力的影响——基于投入产出表的分析》，《中国工业经济》2011 年第 3 期。

董直庆、王辉：《环境规制的"本地—邻地"绿色技术进步效应》，《中国工业经济》2019 年第 1 期。

傅京燕、李丽莎：《环境规制、要素禀赋与产业国际竞争力的实证研究——基于中国制造业的面板数据》，《管理世界》2010 年第 10 期。

傅强、马青、Sodnomdargia Bayanjargal：《地方政府竞争与环境治理：基于区域开放的异质性研究》，《中国人口·资源与环境》2016 年第 3 期。

傅勇：《财政分权、政府治理与非经济性公共物品供给》，《经济研究》2010 年第 8 期。

傅勇、张晏：《中国式分权与财政支出结构偏向：为增长而竞争的代价》，《管理世界》2007 年第 3 期。

傅勇：《中国的分权为何不同：一个考虑政治激励与财政激励的分析框架》，《世界经济》2008 年第 11 期。

高静、刘国光：《要素禀赋、环境治理与污染品产业内贸易模式的转变——基于 54 个国家 352 南北贸易关系的实证研究》，《国际贸易问题》2014 年第 10 期。

郭峰、石庆玲：《官员更替、合谋震慑与空气质量的临时性改善》，《经济研究》2017 年第 7 期。

韩超、张伟广、单双：《规制治理、公众诉求与环境污染——基于地区间环境治理策略互动的经验分析》，《财贸经济》2016 年第 9 期。

韩超、张伟广、冯展斌：《环境治理如何"去"资源错配——基于中国首次约束性污染控制的分析》，《中国工业经济》2017 年第 4 期。

韩超、张伟广、郭启光：《环境治理实施的路径依赖——对中美环境治理形成与演化的比较分析》，《天津社会科学》2016 年第 1 期。

黄寿峰：《财政分权对中国雾霾影响的研究》，《世界经济》2017 年第 2 期。

黄维海、袁连生：《中国的人力资本水平"俱乐部"收敛了吗?》，《中国人口·资源与环境》2014 年第 7 期。

吉富星、鲍曙光：《地方政府竞争、转移支付与土地财政》，《中国软科
　　学》2020 年第 11 期。

贾鼎：《基于公众参与视角的环境治理中群体事件发生机制研究》，《湖
　　北社会科学》2014 年第 2 期。

贾俊雪、应世为：《财政分权与企业税收激励——基于地方政府竞争视角
　　的分析》，《中国工业经济》2016 年第 10 期。

蒋德权、姜国华、陈冬华：《地方官员晋升与经济效率：基于政绩考核
　　观和官员异质性视角的实证考察》，《中国工业经济》2015 年第 10 期。

黎文靖、郑曼妮：《空气污染的治理机制及其作用效果——来自地级市的
　　经验数据》，《中国工业经济》2016 年第 4 期。

李健、王尧、王颖：《京津冀区域经济发展与资源环境的脱钩状态及驱
　　动因素》，《经济地理》2019 年第 39 期。

李静、杨娜、陶璐：《跨境河流污染的"边界效应"与减排政策效果研
　　究——基于重点断面水质监测周数据的检验》，《中国工业经济》2015
　　年第 3 期。

李平、慕绣如：《波特假说的滞后性和最优环境治理强度分析——基于系
　　统 GMM 及门槛效果的检验》，《产业经济研究》2013 年第 4 期。

李胜兰、初善冰、申晨：《地方政府竞争、环境治理与区域生态效率》，
　　《世界经济》2014 年第 4 期。

李涛、周业安：《中国地方政府间支出竞争研究——基于中国省级面板数
　　据的经验证据》，《管理世界》2009 年第 2 期。

李永友、沈坤荣：《我国污染控制政策的减排效果——基于省际工业污染
　　数据的实证分析》，《管理世界》2008 年第 7 期。

李昭华、蒋冰冰：《欧盟玩具业环境治理对我国玩具出口的绿色壁垒效
　　应——基于我国四类玩具出口欧盟十国的面板数据分析：1990—
　　2006》，《经济学：季刊》2009 年第 3 期。

梁平汉、高楠：《人事变更、法制环境和地方环境污染》，《管理世界》
　　2014 年第 6 期。

林伯强、邹楚沅：《发展阶段变迁与中国环境政策选择》，《中国社会科学》2014 年第 5 期。

林仁文、杨熠：《中国的资本存量与投资效率》，《数量经济技术经济研究》2013 年第 9 期。

林善浪、叶炜、王娜：《高速公路发展对于新企业选址的影响——来自中国制造业微观企业数据的证据》，《财贸研究》2017 年第 3 期。

刘秉镰、武鹏、刘玉海：《交通基础设施与中国全要素生产率增长——基于省域数据的空间面板计量分析》，《中国工业经济》2010 年第 3 期。

刘承智、杨籽昂、潘爱玲：《排污权交易提升经济绩效了吗？——基于2003—2012 年中国省际环境全要素生产率的比较》，《财经问题研究》2016 年第 6 期。

刘若楠、李峰：《我国排污权交易问题的实证研究》，《价格理论与实践》2014 年第 2 期。

刘胜、顾乃华、李文秀、陈秀英：《城市群空间功能分工与制造业企业成长——兼议城市群高质量发展的政策红利》，《产业经济研究》2019 年第 3 期。

楼苏萍：《西方国家公众参与环境治理的途径与机制》，《学术论坛》2012 年第 3 期。

陆铭、张航、梁文泉：《偏向中西部的土地供应如何推升了东部的工资》，《中国社会科学》2015 年第 5 期。

陆旸：《中国的绿色政策与就业：存在双重红利吗？》，《经济研究》2011 年第 7 期。

陆钟武、王鹤鸣、岳强：《脱钩指数：资源消耗、废物排放与经济增长的定量表达》，《资源科学》2011 年第 1 期。

吕冰洋、陈怡心：《财政激励制与晋升锦标赛：增长动力的制度之辩》，《财贸经济》2022 年第 6 期。

祁毓、卢洪友、徐彦坤：《中国环境分权体制改革研究：制度变迁、数量测算与效应评估》，《中国工业经济》2014 年第 1 期。

祁毓、卢洪友、张宁川：《环境治理能实现"降污"和"增效"的双赢吗——来自环保重点城市"达标"与"非达标"准实验的证据》，《财贸经济》2016 年第 9 期。

乔宝云、范剑勇、冯兴元：《中国的财政分权与小学义务教育》，《中国社会科学》2005 年第 6 期。

任力、黄崇杰：《国内外环境规制对中国出口贸易的影响》，《世界经济》2015 年第 5 期。

任艳红、周树勋：《基于总量控制的排污权交易机制改革思路研究》，《环境科学与管理》2016 年第 3 期。

邵朝对、苏丹妮、邓宏图：《房价、土地财政与城市集聚特征：中国式城市发展之路》，《管理世界》2016 年第 2 期。

邵帅、李欣、曹建华、杨莉莉：《中国雾霾污染治理的经济政策选择——基于空间溢出效应的视角》，《经济研究》2016 年第 9 期。

邵帅、杨振兵：《环境治理与劳动需求：双重红利效应存在吗？——来自中国工业部门的经验证据》，《环境经济研究》2017 年第 2 期。

申晨、贾妮莎、李炫榆：《环境治理与工业绿色全要素生产率——基于命令—控制型与市场激励型规制工具的实证分析》，《研究与发展管理》2017 年第 2 期。

盛丹、张慧玲：《环境管制与我国的出口产品质量升级——基于两控区政策的考察》，《财贸经济》2017 年第 8 期。

石庆玲、陈诗一、郭峰：《环保部约谈与环境治理：以空气污染为例》，《统计研究》2017 年第 10 期。

石庆玲、郭峰、陈诗一：《雾霾治理中的"政治性蓝天"——来自中国地方"两会"的证据》，《中国工业经济》2016 年第 5 期。

史贝贝、冯晨、张妍、杨菲：《环境治理红利的边际递增效应》，《中国工业经济》2017 年第 12 期。

史丹、王俊杰：《基于生态足迹的中国生态压力与生态效率测度与评价》，《中国工业经济》2016 年第 5 期。

覃成林、刘迎霞、李超：《空间外溢与区域经济增长趋同——基于长江三角洲的案例分析》，《中国社会科学》2012 年第 5 期。

涂正革、谌仁俊：《排污权交易机制在中国能否实现波特效应?》，《经济研究》2015 年第 7 期。

王班班、莫琼辉、钱浩棋：《地方环境政策创新的扩散模式与实施效果——基于河长制政策扩散的微观实证》，《中国工业经济》2020 年第 8 期。

王赛德、潘瑞姣：《中国式分权与政府机构垂直化管理——一个基于任务冲突的多任务委托—代理框架》，《世界经济文汇》2010 年第 1 期。

王永进、盛丹、施炳展、李坤望：《基础设施如何提升了出口技术复杂度?》，《经济研究》2010 年第 7 期。

王永钦、张晏、章元、陆铭：《中国的大国发展道路——论分权式改革的得失》，《经济研究》2007 年第 1 期。

王勇、李雅楠、李建民：《环境规制、劳动力再配置及其宏观含义》，《经济评论》2017 年第 2 期。

吴磊、李广浩、李小帆：《中国环境管制与 FDI 企业的行业进入》，《中国人口·资源与环境》2010 年第 8 期。

吴卫星：《论环境规制中的结构性失衡——对中国环境规制失灵的一种理论解释》，《南京大学学报》（哲学·人文科学·社会科学版）2013 年第 2 期。

夏勇、张彩云、苏丹妮：《城市经济增长与工业 SO_2 排放污染脱钩的空间特征》，《治理研究》2020 年第 5 期。

夏友富：《外商转移污染密集产业的对策研究》，《管理世界》1995 年第 2 期。

徐保昌、谢建国：《排污征费如何影响企业生产率：来自中国制造业企业的证据》，《世界经济》2016 年第 8 期。

许家云、毛其淋：《政府补贴、治理环境与中国企业生存》，《世界经济》2016 年第 2 期。

薛澜、董秀海：《基于委托代理模型的环境治理公众参与研究》，《中国人口·资源与环境》2010 年第 10 期。

杨海生、陈少凌、周永章：《地方政府经济竞争与环境政策——来自中国省份数据的证据》，《南方经济》2008年第6期。

杨浩哲：《低碳流通：基于脱钩理论的实证研究》，《财贸经济》2012年第7期。

杨瑞龙、章泉、周业安：《财政分权、公众偏好和环境污染——来自中国省级面板数据的证据》，中国人民大学经济研究所工作论文，2007年。

尹恒、徐琰超：《地市级地区间基本建设公共支出的相互影响》，《经济研究》2011年第7期。

余显财、朱美聪：《财政分权与地方医疗供给水平——基于1997—2011年省级面板数据的分析》，《财经研究》2015年第9期。

余泳泽：《中国省际全要素生产率动态空间收敛性研究》，《世界经济》2015年第10期。

张彩云、陈岑：《地方政府竞争对环境规制影响的动态研究——基于中国式分权视角》，《南开经济研究》2018年第4期。

张彩云、郭艳青：《污染产业转移能够实现经济和环境双赢吗？——基于环境规制视角的研究》，《财经研究》2015年第10期。

张彩云：《科技标准型环境规制与企业出口动态——基于清洁生产标准的一次自然实验》，《国际贸易问题》2019年第12期。

张彩云、吕越：《绿色生产规制与企业研发创新——影响及机制研究》，《经济管理》2018年第1期。

张彩云：《排污权交易制度能否实现"双重红利"？——一个自然实验分析》，《中国软科学》2020年第2期。

张彩云、盛斌、苏丹妮：《环境规制、政绩考核与企业选址》，《经济管理》2018年第11期。

张彩云、苏丹妮：《环境规制、要素禀赋与企业选址——兼论"污染避难所效应"和"要素禀赋假说"》，《产业经济研究》2020年第3期。

张彩云、苏丹妮、卢玲、王勇：《政绩考核与环境治理——基于地方政府间策略互动的视角》，《财经研究》2018年第5期。

张彩云、王勇、李雅楠：《生产过程绿色化能促进就业吗——来自清洁生产标准的证据》，《财贸经济》2017年第3期。

张彩云、夏勇、王勇：《总量控制对资源配置的影响：基于"两控区"和约束性污染控制政策的考察》，《南开经济研究》2020 年第 4 期。

张成、陆旸、郭路、于同申：《环境规制强度和生产技术进步》，《经济研究》2011 年第 2 期。

张华：《地区间环境规制的策略互动研究——对环境规制非完全执行普遍性的解释》，《中国工业经济》2016 年第 7 期。

张华：《"绿色悖论"之谜：地方政府竞争视角的解读》，《财经研究》2014 年第 12 期。

张军、高远、傅勇、张弘：《中国为什么拥有了良好的基础设施？》，《经济研究》2007 年第 3 期。

张可、汪东芳、周海燕：《地区间环保投入与污染排放的内生策略互动》，《中国工业经济》2016 年第 2 期。

张莉、年永威、皮嘉勇、周越：《土地政策、供地结构与房价》，《经济学报》2017 年第 1 期。

张乾元、苏俐晖：《绿色发展的价值选择及其实现路径》，《新疆师范大学学报》（哲学社会科学版）2017 年第 2 期。

张同斌、张琦、范庆泉：《政府环境规制下的企业治理动机与公众参与外部性研究》，《中国人口·资源与环境》2017 年第 2 期。

张为杰：《生态文明导向下中国的公众环境诉求与辖区政府环境政策回应》，《宏观经济研究》2017 年第 2 期。

张文彬、张理芃、张可云：《中国环境治理强度省际竞争形态及其演变——基于两区制空间 Durbin 固定效应模型的分析》，《管理世界》2020 年第 12 期。

张晓：《中国环境政策的总体评价》，《中国社会科学》1999 年第 3 期。

张艳纯、陈安琪：《公众参与和环境规制对环境治理的影响——基于省级面板数据的分析》，《城市问题》2018 年第 1 期。

张晏、龚六堂：《分税制改革、财政分权与中国经济增长》，《经济学（季刊）》2005 年第 5 期。

张中元、赵国庆：《环境治理对 FDI 溢出效应的影响——来自中国市场的证据》,《经济理论与经济管理》2012 年第 2 期。

张梓太、沈灏:《排污权的公平分配初探——由我国各地排污权交易试点
　　引发的思考》,《中德法学论坛》2010 年第 8 期。

赵建春、许家云、毛其淋:《CEO 交流是否促进了企业的全要素生产率
　　提升?》,《世界经济文汇》2015 年第 4 期。

赵霄伟:《地方政府间环境规制的竞争策略及其地区增长效应——来自地
　　级市以上城市面板的经验数据》,《财贸经济》2014 年第 10 期。

赵霄伟:《环境治理、环境治理竞争与地区工业经济增长——基于空间
　　Durbin 面板模型的实证研究》,《国际贸易问题》2014 年第 7 期。

郑磊:《财政分权、政府竞争与公共支出结构:政府教育支出比重的影
　　响因素分析》,《经济科学》2008 年第 1 期。

郑思齐、万广华、孙伟增、罗党论:《公众诉求与城市环境治理》,《管
　　理世界》2013 年第 6 期。

周浩、郑越:《环境规制对产业转移的影响——来自新建制造业企业选址
　　的证据》,《南方经济》2015 年第 4 期。

周黎安:《晋升博弈中政府官员的激励与合作——兼论我国地方保护主义
　　和重复建设问题长期存在的原因》,《经济研究》2004 年第 6 期。

周黎安:《行政发包制》,《社会》2014 年第 6 期。

周黎安:《中国地方官员的晋升锦标赛模式研究》,《经济研究》2007 年
　　第 7 期。

周雪光、练宏:《中国政府的治理模式:一个"控制权"理论》,《社会
　　学研究》2012 年第 5 期。

朱平芳、张征宇:《FDI 竞争下的地方政府环境规制"逐底竞赛"存在
　　么?——来自中国地级城市的空间计量实证》,《数量经济研究》2010
　　年第 1 期。

朱平芳、张征宇、姜国麟:《FDI 与环境规制:基于地方分权视角的实证
　　研究》,《经济研究》2011 年第 6 期。

Antweiler W. Copel and B. R. Taylor M. S. , "Is Free Trade Good for the En-
　　vironment?" *The American Economic Review*, Vol. 91, No. 4, 2001.

Arouri M. E. H. , Caporale G. M. , Rault C. , Sova R. , Sova A. , "Environmental Regulation and Competitiveness: Evidence from Romania" *Ecological Economics*, Vol. 81, No. 5, 2012.

Baicker K. , "The Spillover Effects of State Spending" *Journal of Public Economics*, Vol. 89, No. 2, 2005.

Barro R. J. , Sala-I-Martin X. , "Convergence across States and Regions" *Brookings Papers on Economic Activity*, Vol. 22, 1991.

Becker R. , Henderson V. , "Effects of Air Quality Regulations on Polluting Industries" *Journal of Political Economy*, Vol. 108, No. 2, 2000.

Beers C. V. , Jeronen C. J. M. , Bergh V. D. , "An Empirical Multi-Country Analysis of the Impact of Environmental Regulations on Foreign Trade Flows" *Kyklos*, Vol. 50, No. 1, 1997.

Berman E. , Bui L. T. M. , "Environmental Regulation and Labor Demand: Evidence from the South Coast Air Basin" *Journal of Public Economics*, Vol. 79, No. 2, 2001.

Bernard A. B. , Eaton J. , Jensen J. B. , Kortum S. , "Plants and Productivity in International Trade: A Ricardian Reconciliation" *American Economic Review*, Vol. 93, No. 4, 2003.

Besley T. , "Case A. Incumbent Behavior: Vote-Seeking Tax Setting and Yardstick Competition" *American Economic Review*, Vol. 85, No. 1, 1995.

Bezdek R. H. , Wendling R. M. , Diperna P. , "Environmental Protection, the Economy, and Jobs: National and Regional Analyse" *Journal of Environmental Management*, Vol. 86, No. 2, 2008.

Blanchard O. , Shleifer A. , "Federalism with and without Political Centralization: China Versus Russia" *Imf Staff Papers*, Vol. 48, No. 1, 2001.

Bosquet B. , "Environmental Tax Reform: Does It Work? A Survey of The Empirical Evidence" *Ecological Economics*, Vol. 34, No. 1, 2000.

Bovenberg A. L. , De Mooij R. A. , "Environmental Levies and Distortionary Taxation" *American Economic Review*, Vol. 84, No. 4, 1994.

Bovenberg A. L. , Ploeg F. V. D. , "Consequences of Environmental Tax Reform for Unemployment and Welfare" *Environmental and Resource Economics*, Vol. 12, No. 2, 1998.

Brandt L. , Biesebroeck J. V. , Zhang Y. , "Creative Accounting or Creative Destruction? Firm-Level Productivity Growth in Chinese Manufacturing" *Journal of Development Economics*, Vol. 97, No. 2, 2012.

Cai H. B. , Chen Y. Y. , Gong Q. , "Polluting Thy Neighbor: Unintended Consequences of China's Pollution Reduction Mandates" *Journal of Environmental Economics and Management*, Vol. 76, 2016.

Cai X. , Lu Y. , Wu M. , Yu L. H. , "Does Environmental Regulation Drive Away Inbound Foreign Direct Investment? Evidence from a Quasi-natural Experiment in China" *Journal of Development Economics*, Vol. 123, 2016.

Chen Z. , Kahn M. E. , Liu Y. , Wang Z. , "The Consequences of Spatially Differentiated Water Pollution Regulation in China" *Journal of Environmental Economics & Management*, Vol. 88, 2018.

Chung S. , "Environmental Regulation and Foreign Direct Investment: Evidence from South Korea" Journal of Development Economics, Vol. 108, 2014.

Cole M. A. , Elliott R. J. R. , "Determining the trade – environment composition effect: the role of capital, labor and environmental regulations" *Journal of Environmental Economics & Management*, Vol. 46, No. 3, 2003.

Condliffe S. , Morgan O. A. , "The Effects of Air Quality Regulations on the Location Decisions of Pollution-Intensive Manufacturing Plants" *Journal of Regulatory Economics*, Vol. 36, No. 1, 2009.

Copeland B. R. , Taylor M. S. , "North-South Trade and the Environment" *Quarterly Journal of Economics*, Vol. 109, No. 3, 1994.

Costantini V. , Crespi F. , "Environmental Regulation and The Export Dynamics of Energy Technologies" *Ecological Economics*, Vol. 66, No. 2, 2008.

Costantini V. , Mazzanti M. , "On the Green and Innovative Side of Trade

Competitiveness? The Impact of Environmental Policies and Innovation on EU Exports" *Research Policy*, Vol. 41, No. 1, 2012.

Debreu G. , "The Coefficient of Resource Utilization" *Econometrica*, Vol. 19, No. 3, 1951.

Dixit A. K. , Stiglitz J. E. , "Monopolistic Competition and Optimum Product Diversity" *American Economic Review*, Vol. 67, No. 3, 1977.

Dixit A. , "International Trade Policy for Oligopolistic Industries" *Economic Journal*, Vol. 94, No. 3, 1984.

Eskeland G. S. , Harrison A. E. , "Moving to Greener Pastures? Multinationals and The Pollution Haven Hypothesis" *Journal of development economics*, Vol. 70, No. 1, 2003.

Faguet J. P. , "Does Decentralization Increase Government Responsiveness to Local Needs? : Evidence from Bolivia" *Social Science Electronic Publishing*, Vol. 88, 1999.

Freedman L. S. , "Schatzkin A. Sample Size for Studying Intermediate End-points Within Intervention Trails or Observational Studies [J] . *American Journal of Epidemiology*, Vol. 136, No. 9, 1992.

Fullerton D. , Metcalf G. E. , "Environmental Taxes and the Double-Dividend Hypothesis: Did you Really Expect Something for Nothing?" *Chicago-Kent Law Review*, Vol. 73, 1998.

Goodstein E. , "Jobs and The Environment: An Overview" *Environmental Management*, Vol. 20, No. 3, 1996.

Goulde L. H. , "Effects of Carbon Taxes in an Economy With Prior Tax Distortions: an Intertemporal General Equilibrium Analysis" *Journal of Environmental Economics and Management*, Vol. 29, 1995.

Gray W. B. , "The Cost of Regulation: OSHA, EPA and the Productivity Slowdown" *American Economic Review*, Vol. 77, No. 5, 1987.

Gray W. B. , Shadbegian R. J. , Wang C. , Meral M, "Do EPA Regulations Affect Labor Demand? Evidence from the Pulp and Paper Industry" *Journal of Environmental Economics and Management*, Vol. 68, No. 1, 2014.

Hansen B. E. , "Threshold Effects in Non-dynamic Panels: Estimation, Testing and Inference" *Journal of Econometrics*, Vol. 93, No. 2, 1999.

He G. J. , Fan M. Y. , Zhou M. G. , "The Effect of Air Pollution on Mortality in China: Evidence From the 2008 Beijing Olympic Games" *Journal of Environmental Economics and Management*, Vol. 79, 2016.

Helpman E. , Melitz M. , Rubinstein Y. , "Estimating Trade Flows: Trading Partners And Trading Volumes" *Quarterly Journal of Economics*, Vol. 123, No. 2, 2008.

Henderson V. , Kuncoro A. , Turner M. , "Industrial Development in Cities" *Journal of Political Economy*, Vol. 103, No. 5, 1995.

Jaffe A. B. , Stavins R. N. , "Dynamic Incentives of Environmental Regulations: The Effects of Alternative Policy Instruments on Technology Diffusion" *Journal of Environmental Economics and Management*, Vol. 29, No. 3, 1995.

Jin Y. , Lin L. , "China's Provincial Industrial Pollution: the Role of Technical Efficiency, Pollution Levy and Pollution Quantity Control" *Environment and Development Economics*, Vol. 19, No. 1, 2014.

Jouvet P. A. , Michel P. , Rotillon G. , "Optimal Growth with Pollution: How to Use Pollution Permits?" *Journal of Economic Dynamics and Control*, Vol. 29, No. 9, 2005.

Jug J. , Mirza D. , "Environmental Regulations in Gravity Equations: Evidence from Europe" World Economy, Vol. 28, No. 11, 2005.

Kahn M. E. , Li P. , Zhao D. , "Water Pollution Progress at Borders: the Role of Changes in China's Political Promotion Incentives" *American Economic Journal Economic Policy*, Vol. 7, No. 4, 1945.

Kahn M. E. , Mansur E. T. , "Do Local Energy Prices and Regulation Affect the Geographic Concentration of Employment?" *Journal of Public Economics*, Vol. 101, No. 1, 2013.

Kahn M. E. , "New Evidence on Trends in Vehicle Emissions" *The Rand Journal of Economics*, Vol. 27, No. 1, 1996.

Kanaroglou P. S. , Adams M. D. , Luca P. F. D. , Corr D. , Sohel N. , "Estimation of Sulfur Dioxide Air Pollution Concentrations With a Spatial Autoregressive Model" *Atmospheric Environment*, Vol. 79, No. 11, 2013.

Lai Y. B. , Hu C. H. , "Trade Agreements, Domestic Environmental Regulation, and Transboundary Pollution" *Resource and Energy Economics*, Vol. 30, No. 2, 2008.

Lanoie P. , Patry M. , Lajeunesse R. , "Environmental Regulation and Productivity: Testing the Porter Hypothesis" *Journal of Productivity Analysis*, Vol. 30, No. 2, 2008.

Levinsohn J. , Petrin A. , "Estimating Production Functions Using Inputs to Control for Unobservables" *Review of Economic Studies*, Vol. 70, No. 2, 2003.

Lin L. G. , "Enforcement of pollution levies in China" *Journal of Public Economics*, Vol. 98, No. 2, 2013.

Lipscomb M. , "Mobarak A M. Decentralization and Pollution Spillovers: Evidence from the Redrawing of County Borders in Brazil" *Review of Economic Studies*, Vol. 84, 2017.

List J. A. , Millimet D. L. , Fredriksson P. G. , McHone W. W. , "Effects of Environmental Regulations on Manufacturing Plant Births: Evidence from a Propensity Score Matching Estimator" *Review of Economics and Statistics*, Vol. 85, No. 4, 2003.

Manderson E. , Kneller R. , "Environmental Regulations, Outward FDI and Heterogeneous Firms: Are Countries Used as Pollution Havens?" *Environmental Resource Economics*, Vol. 51, No. 3, 2012.

Mani M. , Wheeler D. , "In Search of Pollution Havens? Dirty Industry Migration in the World Economy" *Journal of Environment Development*, Vol. 7, No. 3, 1997.

Melitz M. J. , "The Impact of Trade in Intra-Industry Reallocations and Aggregate Industry Productivity" *Econometrica*, Vol. 71, No. 6, 2003.

Millimet D. L. , "Assessing the Empirical Impact of Environmental Federalism" *Journal of Regional Science*, Vol. 43, No. 4, 2003.

Morgenstern R. D. , Pizer W. A. , Shih J. S. , "Jobs Versus the Environment: An Industry-Level Perspective" *Journal of Environmental Economics and Management*, Vol. 43, No. 3, 2002.

Musgrave R. A. , *The Theory of Public Finance*, McGraw-Hill, 1959.

Oates W. , Fiscal Federalism, Harcourt Brace, *New York*, 1972.

OECD, "Indicators to Measure Decoupling of Environment Pressure from Economic Growth" *Paris: OECD*, Vol. 16.

Olley S. , Pakes A. , "The Dynamics of Productivity in the Telecommunications Equipment Industry " *Econometrica*, Vol. 64, 1996.

Pearce D. , "The Role of Carbon Taxes in Adjusting to Global Warming" *Economic Journal*, Vol. 101, 1991.

Petr S. , Marek M. , "Economic Growth and Air Pollution in the Czech Republic: Decoupling Curves" *International Journal of Economics and Finance Studies*, Vol. 4, No. 2, 2012.

Porter M. E. , "Linde C V D. Toward a New Conception of the Environment-Competitiveness Relationship" *Journal of Economic Perspectives*, Vol. 4, 1995.

Porter M. E. , "America's Green Strategy" *Scientific American*, Vol. 4, 1991.

Qian Y. , Roland G. , "Federalism and the Soft Budget Constraint" *American Economic Review*, Vol. 88, No. 5, 1998.

Qian Y. , Weingast B. R. , "Federalism as a Commitment to Preserving Market Incentives" *Journal of Economic Perspectives*, Vol. 11, No. 4, 1997.

Rees W. E. , "Ecological Footprints and Appropriated Carrying Capacity: What Urban Economics Leaves Out" *Environment and Urbanization*, Vol. 4, No. 2, 1992.

Sala-I-Martin X. X. , "The Classical Approach to Convergence Analysis. Economic Journal" *The Economic Journal*, Vol. 106, 1996.

Sanz N. , Schwartz S. , "Are Pollution Permit Markets Harmful for Employment?" *Economic Modelling*, Vol. 35, No. 5.

Shilpi G. , "Decoupling: a Step Toward Sustainable Development with Reference to OECD Countries " *International Journal of Sustainable Development and World Ecology*, Vol. 22, No. 6, 2015.

Shleifer A. , "A Theory of Yardstick Competition" *Rand Journal of Economics*, Vol. 16, No. 3, 1985.

Siebert H. , "Environmental Quality and the Gains from Trade " *Open Access Publications from Kiel Institute for the World Economy*, Vol. 30, No. 4, 1977.

Sigman H. , "Letting States Do the Dirty Work: State Responsibility for Federal Environmental Regulation " *National Tax Journal*, Vol. 56, No. 1, 2003.

Sigman H. , "Decentralization and Environmental Quality: An International Analysis of Water Pollution Levels and Variation" *Land Economics*, Vol. 90, No. 1, 2014.

Sobel M. E. , "Asymptotic Confidence Intervals for Indirect Effects in Structural Equation Models" *Sociological Methodology*, Vol. 13, 1982.

Solow R. M. , "A Contribution to the Theory of Economic Growth" *Quarterly Journal of Economics*, Vol. 70, No. 1, 1956.

Song W. Y. , Sung B. , "Environmental Regulations and the Export Performance of South Korean Manufacturing Industries: A Dynamic Panel Approach" *Journal of International Trade and Economic Development*, Vol. 13, No. 7, 2013.

Stavins R. N. , "Transaction Costs and Tradeable Permits" *Journal of Environmental Economics and Management*, Vol. 29, 1995.

Stokey N. L. , "Are There Limits to Growth?" *International Economic Review*,

Vol. 39, No. 1, 1998.

Tapio P., Banister D., Luukkanen J., et al., "Energy and Transport in Comparison: Immaterialisation, Dematerialisation and Decarbonisation in the EU15 between 1970 and 2000" *Energy Policy*, Vol. 35, No. 1, 2007.

Tapio P., "Towards a Theory of Decoupling: Degrees of Decoupling in the EU and the Case of Road Traffic in Finland Between 1970 and 2001" *Transport Policy*, Vol. 12, No. 2, 2005.

Tiebout C., "A Pure Theory of Local Expenditures" *Journal of Political Economy*, Vol. 64, No. 5, 1956.

Tobey J. A., "The Effects of Domestic Environmental Policies on Patterns of World Trade: An Empirical Test" *Kyklos*, Vol. 43, No. 2, 1990.

Tsuyuhara K., "Environmental Regulation and Labor Market Reallocation: A General Equilibrium Analysis" *Working paper*, 2017.

Vogel D., "Trading Up: Consumer and Environmental Regulation in a Global Economy" *Harvard University Press*, *Cambridge*, *MA*, 1956.

Walker W. R., "Environmental Regulation and Labor Reallocation: Evidence from the Clean Air Act. *American Economic Review*, Vol. 101, No. 3, 2011.

Walter I., Ugelow J., "Environment Policies in Developing Countries" *Ambio*, Vol. 8, No. 2, 1979.

Xu C. G., "The Fundamental Institutions of China's Reforms and Development" *Journal of Economic Literature*, Vol. 49, No. 4, 2011.

Yu Y., Zhang L., Li F., "Strategic Interaction and the Determinants of Public Health Expenditures in China: A Spatial Panel Perspective" *Annals of Regional Science*, Vol. 50, No. 1, 2013.

Zhao C., Kahn E., Liu Y., et al., "The Consequences of Spatially Differentiated Water Pollution Regulation in China" *NBER Working Paper*, Vol. 43, No. 2, 2016.